机器人爱好者从入门到进阶推荐教程

机器人
创意设计与
制作全攻略

苏易衡　王雪雁　主编　彩色版

化学工业出版社
·北京·

图书在版编目（CIP）数据

机器人创意设计与制作全攻略 / 苏易衡，王雪雁主编. — 北京：化学工业出版社，2019.10
ISBN 978-7-122-35043-5

Ⅰ．①机… Ⅱ．①苏… ②王… Ⅲ．①机器人技术
Ⅳ．①TP24

中国版本图书馆 CIP 数据核字（2019）第 168157 号

责任编辑：王　烨　　　　文字编辑：吴开亮　　　　美术编辑：王晓宇
责任校对：刘曦阳　　　　装帧设计：水长流文化

出版发行：化学工业出版社（北京市东城区青年湖南街 13 号　邮政编码 100011）
印　　装：中煤（北京）印务有限公司
710mm×1000mm　1/16　印张 19　字数 369 千字　2020 年 5 月北京第 1 版第 1 次印刷

购书咨询：010-64518888　　　　　　　　　　　售后服务：010-64518899
网　　址：http://www.cip.com.cn
凡购买本书，如有缺损质量问题，本社销售中心负责调换。

定　　价：89.80 元

前言

✿ 为什么要写这本书

自主机器人在军事、工业生产、日常生活等领域的应用已经十分广泛，机器人与人工智能更是国家战略性支柱产业。但是中国在机器人核心技术与核心产品上还存在许多不足，为了打破高端机器人技术的发展桎梏，机器人与人工智能技术教育的基础工作尤为重要。

机器人是机械、电子、控制、计算机、传感技术、人工智能等多个学科交叉的领域，想要全面地掌握其相关技术绝非易事，对于青少年科技爱好者和机器人初学者来说，学习起来容易无从下手。为了尽量减少机器人学习入门的难度，使读者仅通过本书就能系统深入地了解机器人技术，编者结合大量机器人学科竞赛与工程项目经验编写本书，以期献上绵薄之力。

✿ 主要内容与表述形式

1. 从硬件与软件两个维度进行拆分讲解。硬件是机器人完成动作与任务的基础，例如没有轮子，小车的底盘就无法移动；软件则实现对机器人行为的控制，例如程序会控制小车底盘应当是走还是停。

2. 以"总-分-总"的形式介绍机器人硬件，首先介绍机器人系统的组成部分，然后对各部分进行详解，最后通过实例将机器人的软、硬件进行结合。

3. 机器人智能性是程序赋予的。由于机器人编程涉及计算机和微控制器两部分，而 C 语言对这两部分编程的支持程度都很出色，所以本书的编程活动以 C 语言为主。C 语言、Python、图形化编程等，都是编程语言或者说是编程的某种方式。我们的目标是通过编程控制机器人，而使用哪种语言进行编程是可以根据场景加以选择的，也就是说终点只有一个，但是路径有很多条，而 C 语言在大多数时候都能帮助我们到达终点。

❂ 一些阅读本书的建议

1. 一定要动手实践！机器人技术不是看一看书就能掌握的，在项目实施的过程中会出现各种意料之外的问题。查找问题与解决问题的能力，与设计、制作机器人的能力是同等重要的。

2. 绪论与第 1 章是对机器人系统建立概念的重要章节，如果您是机器人技术的初学者，这两个章节一定要仔细阅读并理解。

3. 有些读者可能接触图形化编程比较多，对代码形式的编程可能会有畏难情绪。图形化编程适合前期对编程思维的锻炼，但是并不适合智能程度更高的机器人项目。

❂ 读者群体

1. 青少年机器人爱好者。

2. 参与机器人竞赛或是学习活动的本科生与研究生。

3. 中、小学科技教师。

4. STEAM、创客教育培训机构的科技讲师。

5. 想要自行辅导或是陪伴孩子学习机器人技术的家长朋友们。

❂ 支持

本书由北京信息科技大学苏易衡、王雪雁主编，邱景红、杨金江、傅景楠、白帆副主编，高宇含、李宇、阿布都依木江、刘小铭参编。

由于作者水平有限，编写时间较为仓促，书中难免会有不准确的地方和不妥之处，恳请读者朋友们不吝赐教、批评指正。更多宝贵的意见还烦请发送至出版社，期待能够听到同好们的真挚反馈。

❂ 致谢

首先感谢我的母校和工作单位——北京信息科技大学，这里有浓厚的学术氛围和深厚的机器人底蕴。我也有幸于 2012 年加入王雪雁老师带领的 RoboCup 中型组世界冠军团队 Team Water，并于 2016 年加入张奇志与周亚丽两位教授带队的家庭服务机器人团队 Sun@Home。没有这些杰出机器人团队的深厚积淀，就不会有本书的问世。

感谢本书参编成员的共同努力和辛勤付出，以及对本书提供帮助的各位朋友。感谢深圳洲宇教育提供的机器人设备。

编者

目录

绪论
什么是机器人

第 1 章
机器人系统的组成部分

第 2 章
机器人的外部结构

第 3 章
机器人的内部程序

第 4 章
工具的使用

第 **5** 章

机器人制作案例

绪论

什么是机器人

千里之行，始于足下。

随着科技的发展，机器人在越来越多的领域发挥着越来越重要的作用。机器人已不是仅仅在科幻小说和科幻电影里出现，在很多领域我们都可以看到机器人的身影，但是，许多人对于机器人还没有系统的了解。本书将机器人的学习分为了六个章节，尽量将有关机器人的知识与信息正确地传达给读者，以此希望读者在阅读过后能够对机器人有一个崭新的认识，让大家可以感受到机器人的魅力，探索机器人世界的奥秘。在本章中将对机器人领域的发展以及机器人分类进行较为全面的讲述。

学习目标

① 认识机器人；
② 了解机器人的发展历程；
③ 熟悉各类机器人；
④ 对程序有初步认识。

0.1 综述

机器人作为人类 20 世纪最伟大的发明之一，自 20 世纪 60 年代初问世以来，经历几十年的发展已取得长足的进步。机器人是一种能够代替人类在非结构化环境下从事危险、复杂劳动的自动化机器，是集机械学、力学、电子学、生物学、控制论、计算机、人工智能和系统工程等多学科知识于一身的高新技术综合体。工业机器人技术日趋成熟，已经成为一种标准设备被工业界广泛应用。各种类型的机器人相继问世，部分已经应用到人们的生产生活中。我们相信，随着科学技术的不断发展，在不远的将来，机器人应用会变得更加普遍，同时，它们所具有的功能也会越来越全面。为了更好地认识机器人、了解机器人，我们需要从源头说起，探寻根本，重温其发展历程，见证人类文明的这一大进步。当然，细致地了解机器人曾经的发展历程，或许也可以为探寻未来的发展方向提供一些信息。

0.2 认识机器和机器人

"机器人"这个词，相信大家都不会陌生。回首过去，它已经出现在我们的生活中有一段时间了。"机器人"最早出现在 20 世纪 20 年代初期捷克斯洛伐克的一个科幻内容的话剧中，剧中虚构了一种称为 Robota（捷克文，意为苦力、劳役）的人形机器，可以听从主人的命令，任劳任怨地从事各种劳动。它反映了人类希望制造出像人一样会思考、有劳动能力的机器代替自己工作的愿望。

真正使机器人成为现实是 20 世纪工业机器人出现以后。实际上，真正能够代替人类进行生产劳动的机器人，是在 20 世纪 60 年代才问世的。随着机械工程、电气工程、控制技术以及信息技术等相关科技的不断发展，到 20 世纪 80 年代，机器人开始在汽车制造业、电机制造业等工业生产中大量采用。

现在，机器人不仅在工业，而且在农业、商业、医疗、旅游、空间、海洋以及国防等诸多领域获得越来越广泛的应用。虽然机器人的普遍性并没有完全达到人们的期望，但它们在我们生活质量的提高过程中所发挥的作用还是被肯定的。人类社会的进步离不开人文、科技、生产等多方面的发展，机器人便是发展过程中一个神奇又必然的智慧结晶。人们通过自己的思考与实践，正在机器人领域继续探索前进着，相信这条探索之路会越发光明、宽广。

那么，机器人的定义是什么呢？

广义地说，机器人就是"充分应用各种技术，在现实世界起各种作用的智能化系统。"但各国科学家从不同的角度出发，给出的定义有所不同。

国际标准化组织的定义：

① 机器人的动作机构具有类似于人或其他生物的某些器官（肢体、感觉器官等）的功能；

② 机器人具有通用性，可从事多种工作，可灵活改变动作程序；

③ 机器人具有不同程度的智能，如记忆、感知、推理、决策、学习等；

④ 机器人具有独立性，完整的机器人系统在工作中可以不依赖于人的干预。

中国科学家的定义：机器人是一种具有高度灵活性的自动化机器，这种机器除能够动作外应具备一些与人或动物相似的能力，如感知、动作、规划和协同。

美国机械协会的定义：一种用于移动各种材料、零件、工具和专用装置的、用可重复编制的程序动作来执行各种任务的多功能操作机。

以上这些定义，细细看来，是从机器人能力、组成或者行为等方面着手定义的。这些定义，一方面有利于我们对机器人进行归类划分，另一方面也让我们清楚了何为机器人以及机器人的基本能力，并且能够对"机器"和"机器人"进行有效的区分。倘若大家想对机器人的定义进行更深一步的确认，可以通过网络或者相关书籍再进行了解。通过自己的理解总结出自己认为的定义，岂不是更加有趣。

0.3　机器人的发展历史

机器人的诞生和机器人学的建立及发展，是 20 世纪自动控制领域最具说服力的成就，是 20 世纪人类科学技术进步的重大成果。现在全世界机器人销售额每年增加 20% 以上。机器人技术和工业得到了前所未有的发展。机器人技术是现代科学技术交叉和综合的体现，先进机器人的发展代表着国家综合科技实力和水平，因此许多国家都已经把机器人技术列入本国 21 世纪高科技发展计划。随着机器人应用领域的不断扩大，机器人已从传统的制造业进入人类的工作和生活领域。另外，随着需求范围的扩大，机器人结构和形态的发展呈现多样化。高端系统具有明显的仿生和智能特征，其性能不断提高，功能不断扩展和完善。各种机器人系统逐步向具有更高智能和更密切与人类社会融合的方向发展。

0.3.1　早期机器人的发展史

机器人的起源要追溯到 3000 多年前。"机器人"是新造词，它体现了人类长期以来的一种愿望，即创造出一种像人一样的机器或人造人，以便能够代替人去进行各种工作。直到 50 多年前，"机器人"才作为专业术语加以引用。早在我国西周（公元前 1046 年—公元前 771 年），就流传着有关巧匠偃师献给周穆王一个艺妓（歌舞机器人）的故事。

　　春秋时代（公元前 770 年—公元前 476 年）后期，被称为木匠祖师爷的鲁班，利用竹子和木料制造出一只木鸟，它能在空中飞行"三日不下"，这件事在《墨经》中有所记载，这可称得上是世界上第一个空中机器人（图 0-1）。

图 0-1　木鸟

图 0-2　记里鼓车

　　东汉时期（公元 25 年—公元 220 年），我国大科学家张衡不仅发明了震惊世界的"候风地动仪"，还发明了测量路程用的"记里鼓车"（图 0-2），车上装有木人、鼓和钟，每走 1 里，击鼓 1 次，每走 10 里击钟 1 次，奇妙无比。

　　三国时期的蜀汉（公元 221 年—公元 263 年）丞相诸葛亮既是一位军事家，又是一位发明家。他成功地制造出"木牛流马"（图 0-3），可以运送军用物资，是最早的陆地军用机器人。

　　在日本，"射箭童子"一直为日本民众所熟悉，出自田中久重之手。一男童偶人，神态从容地接连 4 次拉弓射箭，其动作和表情酷似真人。如图 0-4 所示。

图 0-3　木牛流马

图 0-4　射箭童子

法国的天才技师杰克·戴·瓦克逊，于 1738 年发明了一只机器鸭，它会游泳、喝水、吃东西和排泄，还会嘎嘎叫。如图 0-5 所示。

1770 年，美国科学家发明了一种报时鸟，一到整点，这种鸟的翅膀、头和喙便开始运动，同时发

图 0-5　机器鸭

图 0-6　报时鸟

出叫声。它的主弹簧驱动齿轮转动，使活塞压缩空气而发出叫声，同时齿轮转动时带动凸轮转动，从而驱动翅膀、头运动。如图 0-6 所示。

0.3.2　近代机器人的发展史

美国著名科学幻想小说家阿西莫夫于 1950 年在他的小说《我是机器人》中，首先使用了机器人学（Robotics）这个词来描述与机器人有关的科学，并提出了有名的"机器人三守则"：

1 机器人必须不危害人类，也不允许它眼看人类将受害而袖手旁观；

2 机器人必须绝对服从于人类，除非这种服从有害于人类；

3 机器人必须保护自身不受伤害，除非为了保护人类或者是人类命令它做出牺牲。

这三条守则，给机器人社会赋予新的伦理性，并使机器人概念通俗化更易于被人类社会所接受。至今，它仍为机器人研究人员、设计制造厂家和用户提供了十分有意义的指导方针。

通常可将机器人分为三代。第一代是可编程机器人（图 0-7）。这类机器人一般可以根据操作员所编的程序完成一些简单的重复性操作。这一代机器人从 20 世纪 60 年代后半期开始投入使用，目前在工业界得到了广泛应用。第二代是感知机器人（图 0-8），即自适应机器人，它是在第一代机器人的基础上发展起来的，具有不同程度

图 0-7　第一代机器人
——可编程机器人

图 0-8　第二代机器人
——感知机器人

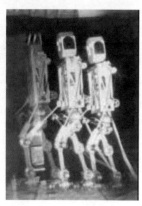

图 0-9　第三代机器人
——智能机器人

的"感知"能力。这类机器人在工业界已有应用。第三代机器人将具有识别、推理、规划和学习等智能机制，它可以把感知和行动智能化结合起来，因此能在非特定的环境下作业，故称之为智能机器人（图 0-9）。目前，这类机器人处于试验阶段，将向实用化方向发展。

现代工业机器人的研究最早可追溯到第二次世界大战后不久。在 20 世纪 40 年代后期，橡树岭和阿尔贡国家实验室就已开始实施计划，研制遥控式机械手，用于搬运放射性材料。这些系统是"主从"型的，用于准确地"模仿"操作员手和臂的动作。主机械手由使用者进行导引做一连串动作，而从机械手尽可能准确地模仿主机械手的动作。后来通过机械耦合主从机械手的动作加入力的反馈，使操作员能够感受到从机械手及其环境之间产生的力。20 世纪 50 年代中期，机械手中的机械耦合被液压装置所取代，如通用电气公司的"巧手人"机器人和通用制造厂的"怪物"I 型机器人。1954 年，G. C. Devol 提出了"通用重复操作机器人"的方案，并在 1961 年获得了专利。同一时期诞生了利用肌肉生物电流控制的上臂假肢。

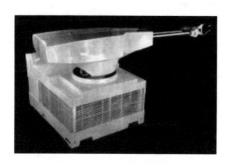

图 0-10　Unimate 机器人

1958 年，被誉为"工业机器人之父"的 Joseph F. Engel Berger 创建了世界上第一个机器人公司——Unimation（Univeral Automation）公司，并参与设计了第一台 Unimate 机器人（图 0-10）。这是一台用于压铸的五轴液压驱动机器人，手臂的控制由一台计算机完成。它采用了分离式固体数控元件，并装有存储信息的磁鼓，能够记忆完成 180 个工作步骤。与此同时，另一家美国公司——AMF 公司也开始研制工业机器人，即 Versatran（Versatile Transfer）机器人，它主要用于机器之间的物料运输，采用液压驱动。该机器人的手臂可以绕底座回转，沿垂直方向升降，也可以沿半径方向伸缩。一般认为 Unimate 和 Versatran 机器人是世界上最早的工业机器人。

1959 年，美国 Consolidated Controls 公司研制出第一代工业机器人原型。1960 年，美国机床铸造公司（AMF）生产出圆柱坐标的 Versatran 机器人，可做点位和轨迹控制，同年第一批电焊机器人用于工业生产。随后，美国 Unimation 公司研制出球坐标的 Unimate 机器人，它采用电液伺服驱动，磁鼓存储，可完成近 200 种示教在线动作。

可以说，20 世纪 50 年代至 70 年代是机器人发展较快、较好的时期，这期间的各项研究发明有效地推动了机器人技术的发展和推广。主要成就如表 0-1 所示。

表 0-1　20 世纪 50 年代至 70 年代机器人发展主要成就

年份	领域	标志事件
1955	理论	Denavit 和 Hartenberg 发展了齐次变换（D-H）矩阵
1961	工业	美国专利 2998273 项，George Devol 的"编程技术"
1961	工业	第一台 Unimate 机器人安装，用于压铸
1962	技术	有传感器的机械手 MH-1，由 Emst 在麻省理工学院发明
1963	工业	Versatran 圆柱坐标机器人商业化
1965	理论	L. C. Roberts 将齐次变换矩阵应用于机器人
1968	技术	斯坦福研究院发明带视觉的自由计算机控制的行走机器人
1969	技术	V. C. Sheinman 及其助手发明"斯坦福"机械手
1969	理论	用于行走机器人导向的机器人视觉在斯坦福研究院展出
1970	技术	ETL 公司发明带视觉的自适应机器人
1971	工业	日本工业机器人协会（JIRA）成立
1972	理论	R. P. Paul 用 D-H 矩阵计算轨迹
1972	理论	D. E. Whiney 发明操作机的协调控制方式
1975	工业	美国机器人研究院成立
1975	工业	Unimation 公司第一次发布利润
1976	技术	在斯坦福研究院完成用机器人的编程装配
1978	工业	C. Rose 及其同事成立了机器人智能公司，生产第一个商业视觉系统

虽然编程机器人是一种新颖而有效的制造工具，但到了 20 世纪 60 年代，科学家用传感器反馈数据大大增强机器人柔性的趋势就已经很明显了。厄恩斯特于 1961 年介绍了带有触觉传感器的计算机控制机械手的研制情况。这种称为 MH-1 的装置能"感觉"到块状材料，通过得到的信息控制机械手，把块状材料堆起来，无需操作员帮助。这种工作是机器人在合理的非结构性环境中具有自适应特性的一例。机械手系统是六自由度 ANL Model-8 型操作机，由一台 TX-O 计算机通过接口装置进行控制。此研究项目后来成为 MAC 计划的一部分，在机械手上又增加了电视摄像机，开始进行机器感觉研究。与此同时，汤姆威克和博奈也于 1962 年研制出一种装有压力传感器的手爪样机，可检测物体，并向电机输入反馈信号，启动一种或两种抓取方式。一旦手爪接触到物体，与物体大小和质量成比例的信息就通过这些压力敏感元件传输到计算机。1963 年，美国机械铸造公司推出了 Versatran 机器人商品，同年初，还研制

了多种操作机手臂，如 Roehampton 型和 Edinburgh 型手臂。

在 20 世纪 60 年代后期，麦卡锡于 1968 年和他在斯坦福人工智能实验室的同事报告了有手、眼和耳（即机械手、电视摄像机和拾音器）的计算机的开发情况。他们表演了一套能识别语音命令、"看见"散放在桌面上的方块和按指令进行操作的系统。皮珀也在 1968 年研究了计算机控制的机械手的运动学问题。在 1971 年卡恩和罗恩分析了机械限位手臂开关式（最短时间）控制的动力学和控制问题。

这时，其他国家（特别是日本）也开始认识到工业机器人的潜力。早在 1968 年，日本川崎重工业公司与 Unimation 公司谈判，购买了其机器人专利。1969 年，机器人出现了不寻常的新发展，通用电气公司为美国陆军研制了一种试验性步行车。同年，研制出了"波士顿"机械手，后来又研制出了"斯坦福"机械手。后者装有摄像机和计算机控制器。把这些机械手用作机器人的操作机，使一些重大的机器人研究工作开始了。对"斯坦福"机械手所做的一项实验是根据各种策略自动地堆放块状材料，这在当时对于自动机器人来说，是一项非常复杂的工作。1974 年，Cincinnati Milacron 公司推出了第一台计算机控制的工业机器人，定名为"The Tomorrow Tool"，它能举起重达 45.36kg 的物体，并能跟踪装配线上的各种移动物体。

在此期间，智能机器人的研究也有进展。1961 年美国麻省理工学院研制出有触觉的 MH-1 型机器人，在计算机控制下用来处理放射性材料。1968 年美国斯坦福大学研制出名为 SHAKEY 的智能移动机器人。20 世纪 60 年代后期，喷漆、弧焊机器人相继在工业生产中应用，由加工中心和工业机器人组成的柔性加工单元标志着单件小批生产方式的一个新的高度。几个工业化国家竞相开展了具有视觉、触觉，多手、多足，能超越障碍、钻洞、爬墙、水下移动的各种智能机器人的研究工作，并开始在海洋开发、空间探索和核工业中试用。整个 20 世纪 60 年代，机器人技术虽然取得了许多进展，建立了产业并生产了多种机器人商品，但是在这一阶段多数工业部门对应用机器人还持观望态度，机器人在工业应用方面的进展并不快。

20 世纪 70 年代，大量的研究工作把重点放在使用外部传感器来改善机械手的操作。1973 年博尔斯和保罗在斯坦福使用视觉和力反馈，表演了与 PDP-10 计算机相连、由计算机控制的"斯坦福"机械手，用于装配自动水泵。几乎同时，IBM 公司的威尔和格罗斯曼在 1975 年研制了一个带有触觉和力觉传感器的计算机控制的机械手，用于完成 20 个零件的打字机机械装配工作。1974 年，麻省理工学院人工智能实验室的井上对力反馈的人工智能作了研究，在精密装配作业中，用一种着陆导航搜索技术进行初始定位。内文斯等人于 1974 年在德雷珀实验室研究了基于依从性的传感技术。这项研究发展为一种被动柔顺（称为间接中心柔顺，RCC）装置，它与机械手最后一个关节的安装板相连，用于紧配合装配。同年，贝杰茨在喷气推进实验室为空间开发计划用的扩展性"斯坦福"机械手提供了一种基于计算机的力矩控制技术。从那以后相继提出了多种不同的用于机械手伺服的控制方法。

1979 年，Unimation 公司推出了 PUMA 系列工业机器人，是全电动驱动，关节式结构，多 CPU 二级微机控制，采用 VAL 专用语言，可配置视觉、触觉和力觉感受器，技术较为先进的机器人。同年，日本山梨大学的牧野洋研制了具有平面关节的 SCARA 型机器人。整个 20 世纪 70 年代，出现了更多的机器人商品，并在工业生产中逐步推广应用。随着计算机技术、控制技术和人工智能的发展，机器人的研究开发水平和规模都得到迅速发展。据国外统计，1980 年全世界约有 2 万余台机器人在工业中应用。

进入 20 世纪 80 年代后，机器人生产继续保持 20 世纪 70 年代后期的发展势头。到 20 世纪 80 年代中期，机器人制造业成为发展最快和最好的经济产业之一。机器人在工业中开始普及应用，工业化国家的机器人产值在之后的几年里以年均 20%～40% 的增长率上升。1984 年全世界机器人使用总台数是 1980 年的四倍，到 1985 年底，这一数字已达到 14 万台，1990 年达到 30 万台左右，其中高性能的机器人所占比例不断增加，特别是各种装配机器人的产量增长较快，和机器人配套使用的机器视觉技术和装置迅速发展。1985 年前后，FANUC 和 GMF 公司又先后推出交流伺服驱动的工业机器人产品。

到 20 世纪 80 年代后期，由于传统机器人用户应用工业机器人已经饱和，从而造成工业机器人产品的积压，不少机器人厂家倒闭或被兼并，使国际上机器人学研究和机器人产业出现不景气。到 20 世纪 90 年代初，机器人产业出现复苏和继续发展迹象。但是，好景不长，1993～1994 年又跌入低谷。1995 年后，世界机器人数量逐年增加，增长率也较高。1998 年，丹麦乐高公司推出了机器人套件，让机器人的制造变得像搭积木一样相对简单又能任意拼装，从而使机器人开始进入公众视野。机器人学以较好的发展势头进入 21 世纪。2002 年丹麦 iRobot 公司推出了吸尘器机器人 Roomba（图 0-11），它能避开障碍，自动设计行进路线，还能在电量不足时自动驶向充电座，这是目前世界上销量最大、最商业化的家用机器人。近年来，全球机器人行业发展迅速，人性化、重型化、智能化已经成为未来机器人产业的主要发展趋势。

在过去的 50 多年，机器人学和机器人技术获得引人注目的发展，具体体现在：

1️⃣ 机器人产业在全世界迅速发展；

2️⃣ 机器人的应用范围遍及工业、科技和国防的各个领域；

3️⃣ 形成了新的学科——机器人学；

4️⃣ 机器人向智能化方向发展；

5️⃣ 服务机器人成为机器人的新秀而迅猛发展。

图 0-11　Roomba

我国是从 20 世纪 80 年代开始涉足机器人领域的研究和应用的。1986 年，我国开展了"七五"机器人攻关计划。1987 年，我国的"863"计划将机器人方面的研究开发列入其中。最初我国在机器人技术方面研究的主要目的是跟踪国际先进的机器人技术。随后，我国在机器人技术及应用方面取得了很大的成就，主要研究成果有：哈尔滨工业大学研制的两足步行机器人；北京自动化研究所 1993 年研制的喷涂机器人，1995 年完成的高压水切割机器人；沈阳自动化研究所研制完成的有缆深潜 300m 机器人、无缆深潜机器人、遥控移动作业机器人。

我国在仿人形机器人方面也取得很大的进展。例如，国防科技大学经过 10 年的努力，于 2000 年成功地研制出我国第一个仿人形机器人——"先行者"，其身高 140cm、重 20kg。它有与人类似的躯体、头部、眼睛、双臂和双足，可以步行，也有一定的语言功能。它每秒走一步到两步，但步行质量较高：既可在平地上稳步向前，还可自如地转弯、上坡；既可以在已知的环境中步行，还可以在小偏差、不确定的环境中行走。

0.4 未来机器人的展望

展望未来，对机器人的需求是多方面的。在制造业中，由于多数工业产品的寿命逐渐缩短，品种需求增多，这就促使产品的生产要从传统的单一品种成批大量生产逐步向多品种小批量柔性生产过渡。由各种加工装备、机器人、物料传送装置和自动化仓库组成的柔性制造系统，以及由计算机统一调度的更大规模的集成制造系统将逐步成为制造业的主要生产手段之一。

现在工业上运行的 90% 以上的机器人，都不具有智能。随着工业机器人数量的快速增长和工业生产的发展，对机器人的工作能力也提出了更高的要求，特别是需要各种具有不同程度智能的机器人和特种机器人。这些智能机器人，有的能够模拟人类用两条腿走路，在凹凸不平的地面上行走移动；有的具有视觉和触觉功能，能够进行独立操作、自动装配和产品检验；有的具有自主控制和决策能力。这些智能机器人，不仅应用各种反馈传感器，而且还运用人工智能中各种学习、推理和决策技术。智能机器人还应用许多最新的智能技术，如临场感知技术、虚拟现实技术、多真体技术、人工神经网络技术、遗传算法和遗传编程、仿生技术、多传感器集成和融合技术以及纳米技术等。可以说，智能机器人将是未来机器人技术发展的方向。

0.5 形形色色的机器人

机器人已经渐渐融入到了我们生活中的许多方面。像工业领域中，有着强壮的焊接机器人，为我们的汽车制造、桥梁架构默默付出并辛勤工作着；服务行业里，可爱小巧的分拣机器人在仓库及中转站里，灵活运作、高效服务；在医疗方面，有的医用机器人可以有针对性地对患者进行康复治疗，或者是清理病房、分拣药品；在更高端的航空领域里，空间机器人所扮演的角色十分重要，像火星探测器、执行空间站建造的机器人等。

目前，机器人仍处在一个持续发展的阶段，我们也不知何时会达到鼎盛时期。但可以肯定的是，它还有很大的空间继续发展、拓宽、创新。现有的机器人种类繁多，不过可以根据它们在人类生活中涉及的领域进行大致的分类，下面我们就来一起了解一下。

0.5.1 工业机器人

工业机器人是面向工业领域的多关节机械手或多自由度的机器装置，它能自动执行工作，是靠自身动力和控制能力来实现各种功能的一种机器。它可以接受人类指挥，也可以按照预先编排的程序运行，现代的工业机器人还可以根据人工智能技术制定的原则纲领行动。

工业机器人通常由关节臂（multi-linked 机械手）和附着在固定表面上的末端效应器组成。最常见的一种末端效应器是夹具组件，如图 0-12 所示。

国际标准化组织在 ISO 8373 中对工业机器人给出了较为具体的解释：

图 0-12　夹具组件

"机器人具备自动控制及可再编程、多用途功能，机器人操作机具有三个或三个以上的可编程轴，在工业自动化应用中，机器人的底座可固定也可移动。"如图 0-13 所示。

图 0-13　正在作业的工业机器人

图 0-14　机械臂

在工业工效学中，机械臂（图 0-14）是一种提升辅助装置，用于帮助人们提升和放置太重、太热、过大的物品。相对于简单的垂直升降辅助设备（起重机、卷扬机等），机械臂有能力进入狭小的空间和拆卸工件。一个很好的例子是从印刷机上取下大的冲压件，并将它们放在机架或类似的衬垫上，这就发挥了机械臂有力且灵活的特点。在焊接中，柱臂可用来提高沉积速率，减少人为误差和其他成本，在这一制造环境中发挥了重大作用。

工业机器人中的移动机器人应用也十分广泛。它既可以接受人类指挥，又可以运行预先编排的程序，也可以根据以人工智能技术制定的原则纲领行动。它的任务是协助或取代人类的工作，例如危险的工作。

0.5.2 服务机器人

这个机器人朋友是机器人大家族里最年轻的成员，由于人类物质生活与精神生活水平的共同提高，服务机器人渐渐出现在我们的视野中。一方面是为了满足人们在必

图 0-15 东京塔导游机器人

要的条件下得到系统化的服务，一方面是因为服务业劳动力需求量的增长。种种因素驱使着人们选择更为严格的且模式化更强的管理机制，而机器人比人类更易操控，效率也更高更有保障。

服务"机器人"定义目前还不够明确。国际机器人联合会提出了一个初步的定义："服务机器人的操作属于半完全自主地执行对人类和设备有用的服务，不包括制造作业，趋向于保养、修理和运输等方面。"

下面我们简单介绍几类服务机器人。

（1）导游机器人

图 0-16 仿人形机器人——
阿西莫

该机器人装备有先进的计算机语音处理系统，它能听懂英语，并做出回答，机器人体内的计算机还可以根据雷达选择行走路线。这种机器人可以用于商店导购、宾馆服务及盲人导向等许多方面的服务工作（图0-15）。

（2）仿人形机器人"阿西莫"

2000年12月，美国《时代》杂志评选年度风云人物，10位当选者中最后一位竟是机器人——本田公司研制的新型智能机器人"阿西莫"（图0-16）。它身高

120cm，体重43kg，动作紧凑轻柔，不仅会挥手致意、翻筋斗，还可做杂务。

（3）娱乐机器人（也是服务机器人的一种）

1 机器小狗"AIBO" 日本索尼公司研制的娱乐机器人——机器小狗"AIBO"，不仅有漂亮的外观，而且与真狗十分相似，首次投放市场便受到人们的欢迎。1999年推出，2006年停产，2017年重新回归，AIBO机器狗也经历了"人生"的大起大落。如图0-17所示。

图 0-17　机器狗 AIBO

此外，通过模式识别，还提高了AIBO机器狗自行走到专用充电器前充电的功能。在专用充电器"能量加油站"上带有用于识别的标志，上面印有图像模式。图像模式类似二维的条形码，它能随着观察角度的改变而发生变化。AIBO机器狗看到这种标志后，根据图像模式的变化，就可以确定自己与标志（充电器）间的相对位置，并能快速判断出位置关系。当体内电池接近于耗尽时，AIBO机器狗所做的已不再只是向主人发出提示，它会自动跑至专用充电器自行充电。

2 足球机器人（图0-18和图0-19） 小朋友在场地的一端将足球踢向对面的幕墙，幕墙上有足球大门和守门员的图像，守门员根据足球的落点做扑球动作，并伴有喝彩声和背景音乐。

图 0-18　自主足球机器人

图 0-19　人形足球机器人

可能有的人对足球机器人不是特别的了解，但其实机器人足球比赛很多年前就开始举办了，这可以追溯到1993年的日本。由于赛事的精彩，很多研究人员呼吁将其扩大为国际联合赛事。于是，机器人世界杯（Robot World Cup）应运而生，简称RoboCup。而且近几年的赛事中，中国的表现十分抢眼。

2010年6月，北京信息科技大学以本科生为主组成的代表队在新加坡举行的中型机器人足球世界杯赛取得冠军，为国家争得了荣誉，并在2011年成功卫冕。

2013年6月24日~6月30日，在荷兰埃因霍温举行的第17届RoboCup机器人世界杯中型组比赛中，北京信息科技大学机器人足球队"Water"，战胜东道主荷兰埃因霍温理工大学队，再次夺得"世界杯"冠军，取得了四届比赛三夺桂冠的优异成绩。此次赛事中，北京信息科技大学机器人足球队"Water"夺得中型组冠军，浙江大学ZjuNlict夺得小型组冠军，南京邮电大学Apollo3D夺得3D仿真组冠军。

2015年，北京信息科技大学的Water队再次夺得中型组冠军。

0.5.3 医疗机器人

由于服务机器人的定义比较模糊，加之目前为止市面上或者说生活中对人类有帮助的机器人都容易被大家定义为"服务者"，所以医疗机器人的工作针对性虽然很强，但还是易被大众归类到服务行业。为了给医疗机器人一个"扬眉吐气"的机会，在这里，我们系统地为大家介绍下它，并且让大家能真实地感受到医疗机器人在如今的医疗领域是多么"受宠"。

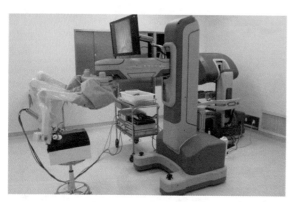

图0-20　医疗机器人

机器人对于医疗保健行业来说，并不陌生。我们知道，已经有大量的机器人被用于各种物理治疗中，还有一些机器人被用于帮助训练医生进行一系列治疗和手术，如图0-20所示。只是由于大多数人对它们接触并不多，并且医疗机器人还未达到普遍使用的阶段，所以大家会觉得与自己的生活并不贴近。其实不然。

像脑外科机器人"伊索"，由美国研制，这种机器人做手术精度高、创伤小，大大减轻了病人的痛苦。口腔修复机器人是一个由计算机和机器人辅助设计、制作全口义齿人工牙列的应用试验系统，可以实现排牙的任意位置和姿态控制，大大提高了制作效率和质量。

再例如机器人患者，它能够让医科学生们大胆地学以致用。利用机器人来培训医生一直存在，而且随着时代的发展，机器人可做的也更多。这种机器人患者拥有跳动的心脏、转动的眼睛，甚至还能呼吸，它能训练医科学生们如何正确测量血压和其他生命体征。对于医生的培训它们起到了很好的作用，而且有的机器人患者做得相当的逼真，这种机器人甚至还有孕妇和婴儿版本。

其实，机器人还能进行手术，这是因为它们的动作更加精确，能降低手术风险，并且按照事先编写的程序进行。相对于人来说，它们是不会疲劳的，更容易提高手术完成的效率与质量，不过也需要更多的实践和测试才能提高普及度，更有效地应用于医疗领域。还有就是由于其动作精确，伤口的切口可以更小，从而降低感染风险，加速康复进程，这对病人来说也降低了后期治疗的花销与时间，为病人创造了更为合理的休养条件。

目前，中国的医疗机器人的发展水平与国外相比，在某些领域还有一定的差距，但仍取得了可圈可点的成绩。要知道，我们从未停止过对医疗机器人研究的脚步。中国医疗机器人经过十多年的努力，已经在脑神经外科、心脏修复、胆囊摘除手术、人工关节置换、整形外科、泌尿科手术等方面得到了广泛的应用，在提高手术效果和精度的同时，也不断开创新的手术，并向其他领域展开。还有许多大型的科研公司，也在致力于医疗机器人领域的探索。

0.5.4 军用机器人

1966 年，美国海军使用机器人"科沃"，潜至 750 多米深的海底，成功地打捞起一枚失落的氢弹。这轰动一时的事件使人们第一次看到了机器人潜在的军事价值。之后，美、苏等国又先后研制出"军用航天机器人""危险环境工作机器人""无人驾驶侦察机"等。机器人的战场应用也取得突破性进展。1969 年，美国在越南战争中首次使用机器人驾驶的列车为运输纵队排险除障，获得巨大成功。在英国陆军服役的机器人——"轮桶"，在反恐斗争中更是身手不凡，屡建奇功，多次排除恐怖分子设置的汽车炸弹。这个时期，机器人虽然以新的姿态走上军事舞台，但由于这代机器人在智能上还比较低下，动作也很迟钝，加之身价太高，"感官"又不敏锐，除用于军事领域某些高体能消耗和危险环境工作外，真正用于战场的还很少。

进入 20 世纪 70 年代，特别是到了 80 年代，随着人工智能技术的发展，各种传感器的开发使用，一种以微电脑为基础，以各种传感器为神经网络的智能机器人出现了。这代机器人耳聪目明，智力也有了较大的提高，不仅能从事繁重的体力劳动，而且有了一定的思考、分析和判断能力，能更多地模仿人，从事较复杂的脑力劳动，再加上机器人先天具备的刀枪不入、毒邪无伤、不生病、不疲倦、不吃饭、能夜以继日高效率工作等这些常人所不具备的能力，从而激起了人们开发军用机器人的热情。

排爆机器人（图 0-21）：英国研制的"土拨鼠"及"野牛"两种遥控电动排爆机器人均采用无线电控制系统，遥控

图 0-21　排爆机器人

图 0-22　微型机器人"间谍草"

距离约 1km。英国皇家工程兵用它们探测及处理爆炸物。

"间谍草"机器人：随着纳米技术的发展，微型机器人可以做得非常小。美军研制的"间谍草"机器人装有先进的微型电子侦察仪和照相机，看上去却如同一棵不起眼的小草。如图 0-22 所示。

总之，随着机器人研究的不断深入，高智能、多功能、反应快、灵活性好、效率高的机器人群体将逐步接管某些军人的战斗岗位。机器人成建制、有组织地走上第一线已不是什么神话。机器人登上军事舞台，将会为军事科学带来一场新革命。

0.6　机器人程序

机器人为什么可以工作，可以运动活动，可以执行任务？最重要的原因在于它拥有一套特定的、预先编写好的程序储存在控制器当中。一般来说，控制器在得到相应的指令之后，程序就会运行起来，机器人会根据程序中的具体内容，按部就班地完成相应的动作，执行所需要执行的工作。

了解这部分内容不能缺少理论知识，下面我们来理解一下程序的基本定义。

程序：是为实现特定目标或解决特定问题而用计算机语言编写的命令序列的集合，是为实现预期目的而进行操作的一系列语句和指令，一般分为系统程序和应用程序两大类。如果说得直白一些呢，程序就是相当于做饭的时候需要的锅，吃饭时需要的筷子、勺子。它是一种为了完成某项任务所需要的工具。

简单地了解下程序的历史，就会发现很多前辈做出了不小的贡献。

据记载，世界上第一个程序是 1842 年写的，在第一个能被称为计算机的机器中诞生。这段代码的作者是 Ada Augusta，被封为 Lovelace 女伯爵。作为世界上第一个计算机程序的作者，她被广泛地认为是有史以来第一位程序员。

世界上第一段代码是为查尔斯·巴贝奇的分析机写的，这个机器从来没有真正建成过。Ada Lovelace 看到了巴贝奇机器的潜力，产生了可编程的计算机的念头。有意思的是，到目前为止从没有人能从 Ada 的伯努利数计算代码里发现任何 bug。尽管她发明了编程，但她显然并没有发明 bug。

另外，1890 年 Hollerith 研制出了一种使用穿孔卡片的统计机被用作各种统计工作。此后，Hollerith 成立了一个公司，这个公司便是如今的 IBM。

19 世纪 30 年代，英国数学家 Turing 提出了图灵机的概念，它是由一个控制块、一条存储带及一个读写头构成的能执行左移、右移、在存储带中清除或写入符号以及条件转移等操作的机器。这种图灵机的结构虽然较为简单，但是却能完成现代计算机所能完成的一切运算。随后 Church 发明了一种以逻辑公式中约束变量的代入为主要运算的 λ-演算，这种运算已经相当于一种语法与语义都非常简单的程序设计语言，已被广泛应用于程序理论以及程序设计语言理论与实践的研究中。

程序里的指令都是基于机器语言。程序通常首先用一种计算机程序设计语言编写，然后用编译程序或者解释执行程序翻译成机器语言。有时，程序也可以用汇编语言编写，汇编语言实质就是表示机器语言的一组记号。在这种情况下，用于翻译的程序叫作汇编程序。

0.6.1 低级语言阶段

（1）第一代程序设计语言——机器语言

机器语言是二进制机器代码编成的代码序列，用来控制计算机执行规定的操作。其特点是能直接反映计算机的硬件结构，并且用机器语言编写的程序不须做任何处理即可直接输入计算机执行。由于机器语言与机器是一对一的，不同的机器有不同的指令系统，一种机器编写的程序无法直接搬到另一种机器上运行。如果需要在多种机器上求解，那么就必须对同一问题重复编写多个应用程序。

（2）第二代程序设计语言——汇编语言

由于机器语言程序的直观性差，且与人们习惯使用的数学表达式及自然语言差距太大，导致机器语言难学、难记，编写出来的程序难以调试、修改、移植和维护，极大限制了计算机的推广。在这种情况下，用助记符号来表示机器指令的操作符与操作数（亦称运算符与运算对象），用地址符号或标号代替指令或操作数的地址的汇编语言出现了。机器不能直接识别使用汇编语言编写的程序，还要由汇编语言编译器转换成机器指令才能运行。

由于汇编语言与机器指令之间是一对一的关系，导致即使是编写一个很简单的程序也需要数百条指令。所以在汇编语言的基础上，人们又研制出了只需一条指令便可编译成多条机器指令的宏汇编语言。而后又研制出了用于把多个独立编写的程序块连接组装成一个完整程序的连接程序。但汇编语言大多是针对特定的计算机或计算机系统设计的，所以它对机器的依赖性很强，同时还有很多的机器语言中存在的问题，汇编语言也没有解决。

0.6.2 高级语言阶段

1954 年，第一个完全脱离机器硬件的高级语言——FORTRAN 语言问世了。高级语言在不同的平台上会被编译成不同的机器语言，使得程序设计语言不再过度依赖某种特定的机器或者语言环境。1970 年，一个标志着结构化程序设计时期开始的语言问世了，它就是 Pascal 语言。这个标志性的语言拥有严格的结构化形式，丰富且完备的数据类型，运行效率高、查错能力强。同时 Pascal 语言还是一种自编译语言。这个以法国数学家 Pascal 命名的语言现已成为使用最广泛的基于 DOS 的语言之一。

20 世纪 80 年代初，在程序设计的思想上又发生了一次大的革命。这个时期研制出的语言多为面向对象的程序设计。之后，高级语言的目标则是面向应用的程序设计。它侧重于描述程序"做什么"而不是"如何做"。

程序设计语言的发展是一个不断演变的过程。从最开始的机器语言，到汇编语言，再到各种各样的高级语言，最后到支持面向对象技术的面向对象的语言，甚至未来的面向应用的语言，它的演化过程的根本推动力就是抽象机制的更高要求，以及对程序设计思想的更好的支持。也就是说把机器能够理解的语言提升到能够很好地模拟人类思考问题的形式的过程。

基于以上的解释，相信你对机器人程序以及编程语言已经有了大致的了解。程序属于机器人内部核心，如何编写就显得尤为重要。除了语言以外，还有算法。虽然算法与计算机程序密切相关，但二者也存在区别：计算机程序是算法的一个实例，是将算法通过某种计算机语言表达出来的具体形式；同一个算法可以用任何一种计算机语言来表达。

要使计算机能完成人们预定的工作，首先必须为如何完成预定的工作设计一个算法，然后再根据算法编写程序。计算机程序要对问题的每个对象和处理规则给出正确详尽的描述，其中程序的数据结构和变量是用来描述问题的对象，程序结构、函数和语句是用来描述问题的算法。算法、数据结构是程序的两个重要方面。

算法是问题求解过程的精确描述，一个算法由有限条可完全机械地执行的、有确定结果的指令组成。指令正确地描述了要完成的任务和它们被执行的顺序。计算机按算法指令所描述的顺序执行，算法的指令能在有限的步骤内终止，或终止于给出问题的解，或终止于指出问题对此输入数据无解。

通常求解一个问题可能会有多种算法可供选择，选择的主要标准是算法的正确性和可靠性，简单性和易理解性。其次是算法所需要的存储空间少和执行更快等条件。

以上进行大篇幅科普的根本目的，还是希望大家能够清楚一点，机器人能执行工作，是按照预先写好的程序控制运行的。一个具有良好执行力与稳定性的机器人，它一定有着一套比较完备的程序。它好比是机器人的大脑，提供着有效的信息来支配其他部分，让机器人充满活力，并保有存在的意义。

0.7 如何动手做一个机器人

机器人无非是传感器更先进、芯片集成化程度更高、驱动系统更复杂的科技衍生品。所以说，机器人其实离我们并不远。

但是，想要动手制作出一个机器人，还是需要一些基础的知识储备，对机器人的组装以及"五脏六腑"有个了解才行。对于机器人的制作，通过以上的介绍，可以简单分为两点：第一点是外部结构的搭建，第二点则是内部程序的编写。外部结构也就是机器人的硬件组成，是来保证机器人进行基本的行为活动，像行走、转动、跳跃等行为都是基于它所拥有的硬件装置。就好比我们的手、胳膊、腿等肢体一样，具有必不可少的存在意义。而内部程序就是希望机器人完成什么动作，用机器语言或汇编语言编写后来支配它完成的"命令集合"。如果没有内部程序，机器人就好比一具没有大脑、没有灵魂的空壳，干巴巴地待在那里。所以，内部程序对于机器人来讲，是有着不容小觑的作用。下面我们将会通过接下来的几章详细地为大家介绍机器人外部结构搭建及内部程序的编写。

第 1 章

机器人系统的组成部分

一引其纲,万目皆张。

在绪论中,我们了解了机器人的由来、发展历程、分类等。而本章我们将对机器人的内部进行探索,了解机器人各个组成部分及其作用,从而更为准确地认识机器人。本章我们主要对机器人的供电、控制、传感、执行、驱动这五部分进行介绍。

学习目标

① 了解机器人系统;
② 明确各部分的作用;
③ 认识各部分中重要的部件;
④ 能够在头脑中形成一个简单的
机器人系统架构图。

1.1 综述

机器人是众所周知的一种高新技术产品，经过几十年的发展，机器人技术已经形成了综合性的学科——机器人学（Robotics）。机器人学有着极其广泛的研究和应用领域，主要包括机器人本体结构系统、机械手设计，轨迹设计和规划，运动学和动力学分析，机器视觉、机器人传感器，机器人控制系统以及机器智能等。而机器人学的存在也是建立在机器人系统之上的，机器人系统整体功能的强大才能使得机器人自身的各项性能充分体现出来。

1.2 机器人系统

机器人是典型的机电一体化产品，一般由供电系统、控制系统、传感系统、执行器（机械本体）和驱动器等五部分组成。机械本体是机器人实施作业的执行机构。为对本体进行精确控制，传感器应提供机器人本体或其所处环境的信息，控制系统依据控制程序产生指令信号，通过控制各关节运动坐标的驱动器，使各臂杆端点按照要求的轨迹、速度和加速度，以一定的姿态达到空间指定的位置。驱动器将控制系统输出的信号变换成大功率的信号，以驱动执行器工作。

（1）供电系统（power supply system）

机器人的供电系统是为机器人所有的控制子系统、驱动及执行子系统提供能源的部分。通常小型或微型机器人采用直流电作为电源，但是类似于工业机器人这种大型的工作型机器人，使用交流电更为广泛。电是保证机器人其他部分正常运转的基础。没有了电，机器人就没有了动力的来源。表 1-1 是一些常见机器人的动力源。

表 1-1　常见机器人动力源

机器人类型	运动空间	动力系统	动力源
机械臂	车间内	电机、液压	电源电流
搬运机器人	车间内	电机	电源电流
建筑机器人	室外	液压	发动机
救助机器人	室内、室外	电机、气动、液压	电池、气罐、发动机
微型机器人	特定区域	特殊驱动器	微波
小型移动式机器人	室内、室外	电机、气动	电池、气罐
仿人机器人	室内、室外	电机	电池

（2）控制系统（control system）

机器人的控制系统主要是由硬件系统、控制软件、输入／输出设备等构成。常见的有单片微型计算机 MCU（图 1-1）、工业可编程控制器 PLC（图 1-2）等。

控制系统是机器人的指挥中枢，相当于人的大脑功能，负责对作业指令信息、内外环境信息进行处理，并依据预定的本体模型、环境模型和控制程序做出决策，产生相应的控制信号，通过驱动器驱动执行机构的各个关节按所需的顺序、沿确定的位置或轨迹运动，完成特定的作业。从控制系统的构成看，有开环控制系统和闭环控制系统之分；从控制方式看有程序控制系统、适应性控制系统和智能控制系统之分。根据控制原理，控制系统可分为程序控制系统、适应性控制系统和人工智能控制系统。根据控制运行的形式，控制系统可分为点位控制和轨迹控制。

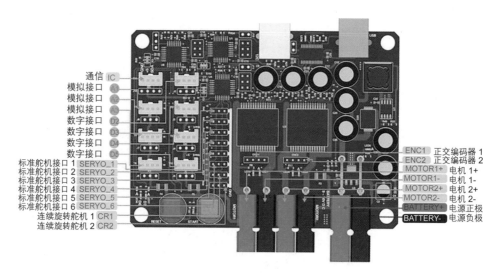

图 1-1　单片微型计算机 MCU

图 1-2　工业可编程控制器 PLC

（3）传感系统（sensing system）

机器人传感系统是机器人与外界进行信息交换的主要窗口，机器人根据布置在机器人身上的不同传感元件对周围环境状态进行瞬间测量，将结果通过接口送入单片机进行分析处理，控制系统则通过分析结果按预先编写的程序对执行元件下达相应的动作命令。

传感系统由多个传感器组成。对于机器人来说，传感系统就是它的"眼""鼻""耳"，帮助它感知外界，传递给控制器有效的数据信息。传感系统包括内部传感器和外部传感器两大部分。内部传感器主要用来检测机器人本身的状态，为机器人的运动控制提供必要的本体状态信息，如位置传感器、速度传感器等。外部传感器则用来感知机器人所处的工作环境或工作状况信息，这种传感器统称为环境传感器，用于识别环境和检测环境与机器人的关系等信息，比如超声波传感器（图 1-3）、气体传感器（图 1-4）。

图 1-3　超声波传感器　　　　　　图 1-4　气体传感器

（4）执行器

执行器是自动控制系统中必不可少的一个重要组成部分。它的作用是接受控制器送来的控制信号，改变被控介质的流量，从而将被控变量维持在所要求的数值上或一定的范围内。

在机器人领域中，执行器通常是机器人本体，其臂部一般采用空间开链连杆机构，其中的运动副（转动副或移动副）常称为关节，关节个数通常为机器人的自由度数。根据关节配置形式和运动坐标形式的不同，机器人执行机构可分为直角坐标式、圆柱坐标式、极坐标式和关节坐标式等类型。出于拟人化的考虑，常将机器人本体的有关部位分别称为机身、臂部、腕部、手部（夹持器或末端执行器）和行走部（对于移动机器人）等。

❶ 机身　机身是用来支持手臂并安装驱动设置等部件的。它主要由实现臂部升降、平移或俯仰等运动的机构及有关的导向装置等组成，故常把它与臂部合并考虑，并不单列为一部分。

❷ 臂部　臂部是操作器的主要执行部件，其作用是支撑腕部和手部，并带动它们在空间运动，从而使手部按照一定的运动轨迹由某一位置到达另一指定位置。

3 腕部　腕部是操作器连接臂部和手部的部件，其主要作用是改变和调整手部在空间的方位，从而使手爪中所握持的工件或工具取得某一特定的姿态。

4 手部　手部是操作器的执行部件之一，其作用是抓取工具或握持工具。

当一个机器人拥有坚硬的身躯、灵活的手臂、精巧的手部后，它进行一系列的行为活动就显得比较轻松、流畅。倘若没有这些操作器给予帮助的话，像是工业机器人，它该如何有效地抓取尺寸、重量符合标准的零件，并将其安装到高度不一的相应位置呢？答案将会在接下来的章节为大家详细介绍。

（5）驱动器

听到"驱动"一词，许多人第一反应可能是汽车，因为驱动系统的好坏直接反映了汽车的性能。有的人可能会想到计算机，对于计算机来说，它正是通过驱动程序驱动各种硬件设备正常运行，达到既定的工作效果，而且有的驱动程序还可以辅助操作系统。同样，对于机器人来说，它的驱动器也有着极其重要的作用。

这里的驱动器是用来使机器人发出动作的驱动电路——直流电机驱动器（图1-5）、舵机驱动器（图1-6）。驱动电路的基本任务是将信息电子电路传来的信号按照其控制目标的要求，转换为加在电力电子器件控制端和公共端之间可以使其开通或关断的信号。对半控型器件只需提供开通控制信号，对全控型器件则既要提供开通控制信号，又要提供关断控制信号，以保证器件按要求可靠导通或关断。

 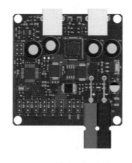

图 1-5　直流电机驱动器　　　　图 1-6　舵机驱动器

 1.3　动力来源——供电系统

机器人需要一个能量源来驱动其他传动装置。大多数机器人会使用电池或墙上的电源插座来供电。此外，液压机器人还需要一个泵来为液体加压，而气动机器人则需要气体压缩机或压缩气罐来提供动力。这里，我们主要对电池和电源进行讲解。

1.3.1 直流电源

直流电源，是维持电路中形成稳恒电压电流的装置。直流电源有化学电池、燃料电池、温差电池、太阳能电池、直流发电机等。直流电源有正、负两个电极，正极的电位高，负极的电位低，当两个电极与电路连通后，能够使电路两端之间维持恒定的电位差，从而在外电路中形成由正极到负极的电流。直流电源是一种能量转换装置，它把其他形式的能量转换为电能供给电路，以维持电流的稳恒流动。

直流电（direct current，DC）又称恒流电。恒定电流是直流电的一种，是大小和方向都不变的直流电，它是由爱迪生发现的。1747 年，美国的富兰克林根据实验提出电荷守恒定律，并且定义了正电和负电的术语。恒定电流是指大小（电压高低）和方向（正负极）都不随时间（相对范围内）变化的电流（比如干电池）。脉动直流电是指方向（正负极）不变，但大小随时间变化，比如把 50Hz 的交流电经过二极管整流后得到的就是典型脉动直流电，半波整流得到的是 50Hz 的脉动直流电，如果是全波或桥式整流得到的就是 100Hz 的脉动直流电，它们只有经过滤波（用电感或电容）以后才变成平滑直流电，当然其中仍存在脉动成分（称纹波系数），大小视滤波电路的滤波效果。

直流电应用：

1️⃣ 在直接面向用户的低压系统中，尤其是 220V 和 110V 甚至更低的便携式电器设备上，多使用稳定的直流电；弱电控制系统，尤其是变电站的二次系统，信号回路及控制回路均采用了直流电控制（这里面也有一个蓄电池储能防止全站失电的原因）。

2️⃣ 直流电不存在系统稳定的问题，近年来作为两大电网系统的互联而得到广泛应用。

3️⃣ 在日常生活中，由"电池"提供的电流就是直流电。电池有极性，分正极与负极。直流输电以其输电容量大、稳定性好、控制调节灵活等优点受到电力部门的欢迎。

1.3.2 交流电源

交流电源常见的就是家庭用电，是 220V 交流电，它的特点是电流大小、方向随着时间的改变而不断变化，变化一个周期所用的时间是 0.02s，也就是 1s 周期性变化50 次，就是我们常说的 50Hz。当然对于不同的设备，使用的电压等级不同。

交流电（alternating current，AC）是指大小和方向都发生周期性变化的电流，电流在一个周期内的平均值为零。不同于直流电，通常波形为正弦曲线。交流电可以有效传输电力。实际中还有其他的波形，例如三角波、方波。生活中使用的市电就是具有正弦波形的交流电。交流电的特点是功率大，变换和传输方便。

交流电应用：

1 断路器或空气开关。目前，即便 ABB 和西门子等一些大电气设备制造商声称做出了直流断路器。但离其广泛应用还有很长的路要走，而直流断路器的普及及应用对于输变电领域的影响将是革命性的。

2 发电机发出的一般是交流电，并且交流电易于变压、变流。因此，电网采用的是交流电。

同一种设备一般来说使用的电源性质是不能变化的，也就是说用交流电驱动的设备，就不能使用直流电源，反之亦然，否则可能烧坏电气设备。

交流电与直流电的区别：

1 交流电存在过零点。电压波形为正弦或余弦，可以据此原理制造相应的灭弧设备对电路进行分合；高压直流输电由于没有过零特性，无法采用这种灭弧原理来制造断路器。

2 直流电在超高压、高压、中低压的输送过程中，比之交流电更加稳定。正是由于直流电没有正弦波形，因此也就不存在系统稳定的问题，近年来作为两大电网系统的互联而得到广泛应用。在超高压输电领域，国家电网将重点放在了特高压（1000kV）上面，而南方电网将重点放在了直流（正负 800kV）上面。相对于交流输电的三相导线，直流输电只用两根甚至一根导线，因而大大减少了线路走廊，节省了宝贵的土地资源。

3 直流电更容易储存，尤其使用现代化的 UPS，加入蓄电池作为后备失电保护，可以控制直流电和交流电相互逆变整流，更加智能方便。

4 直流电在整流和逆变的过程中，容易产生谐波，降低电能质量，这是它的大缺点。由于现代发电机绝大多数采用交流发电，直流电的获取除了化学反应以外（蓄电池），更多的是通过整流来实现，这个过程中损耗不小、投资巨大，且必须投入滤波器来消除多次谐波。

但是两者之间也并不是绝对割裂的，两者之间通过一定的设备就可以相互转化。例如，手机充电就是使用充电器将交流电变化为直流电给电池充电，这类充电器统称为整流设备；直流电源也可以转化为交流电，例如计算机所用的 UPS（不停电电源），这类设备统称为逆变器。

1.3.3 储存电的仓库——电池

电池（battery）指盛有电解质溶液和金属电极以产生电流的容器或复合容器的部分空间，能将化学能转化成电能的装置，具有正极、负极之分。随着科技的进步，电池泛指能产生电能的小型装置，如太阳能电池。电池的性能参数主要有电动势、容量、比能量和电阻。利用电池作为能量来源，可以得到稳定电压、稳定电流，长时间稳定供电，受外界影响很小，并且电池结构简单，携带方便，充放电操作简便易行，不受外界气候和温度的影响，性能稳定可靠，在现代社会生活中的各个方面发挥了很大作用。

小型机器人由于体积、尺寸、重量的限制，对其采用的电源有各种严格要求。例如，移动机器人通常不能采取线缆供电的方式（除一些管道机器人、水下机器人外），必须采用电池或内燃机供电；对于汽车等应用，要求电池体积小、重量轻、能量密度大，并且要求在各种震动、冲击条件下保证汽车的安全性、可靠性。通常，一台长宽高尺寸在 0.5m 左右、质量 30~50kg 的移动机器人总功耗约为 50~200W（用于室外复杂地形的机器人可达到 200~400W），而普通 200W·h 的电池重量可达 3~5kg。因此，在没有任何电源管理技术的情况下要维持机器人连续运行 3~5h，就需要 600~1000W·h 的电池，重达 9~25kg。所以现在机器人供电系统中通常使用锂离子电池，也就是锂电池。

锂离子电池具有重量轻、容量大、无记忆效应等优点，因而得到了普遍应用——现在的许多数码设备都采用锂离子电池作电源，尽管其价格相对来说比较昂贵。锂离子电池与镍氢电池相比，重量较镍氢电池轻 30%~40%，可能量却高出 60%。正因为如此，锂离子电池生产和销售量正逐渐超过镍氢电池。锂离子电池的能量密度大，它的容量是同重量的镍氢电池的 1.5~2 倍，充放电次数可达 500 次以上，而且具有很低的自放电率。此外，锂离子电池几乎没有"记忆效应"以及不含有毒物质等优点也是它广泛应用的重要原因。

1.4　机器人的大脑——控制系统

在本章 1.2 节中对机器人控制部分进行了介绍。控制系统最主要的任务就是控制机器人，包括机器人的运动轨迹、运动位置、完成工作时所需的步骤及顺序，有时还要确定机器人完成工作所需要花费的时间等。

这一节主要介绍控制器。控制器在机器人这个整体中充当着"大脑"，是起着决定性作用的部分。机器人控制器是影响机器人性能的关键部分之一，没有了它，机器人的各种行为能力就会丧失。常见的机器人控制器如下。

（1）中央处理器

中央处理器（central processing unit，CPU）是一块超大规模的集成电路，是一台计算机的运算核心（core）和控制核心（control unit）。它的功能主要是解释计算机指令以及处理计算机软件中的数据。在一些复杂的机器人功能实现中，通常都是传感系统通过网络、蓝牙等通信方式将数据上传到 CPU 中，通过 CPU 对数据进行分析，再反馈给机器人。

（2）单片机

单片机又称单片微控制器，它不是完成某一个逻辑功能的芯片，而是把一个计算机系统集成到一块芯片上，相当于一台微型计算机。和传统计算机相比，单片机只缺少了 I / O 设备。概括地讲：一块芯片就成了一台计算机。它的体积小、质量轻、价格便宜，为学习、应用和开发提供了便利条件。同时，学习使用单片机是了解计算机原理与结构的最佳选择。常见的单片机如下。

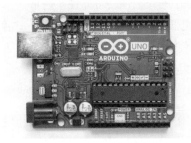

图 1-7　Arduino UNO

1 **Arduino**　Arduino 是一款便捷灵活、方便上手的开源电子原型平台，如图 1-7 所示。包含硬件（各种型号的 Arduino 板）和软件（Arduino IDE）。它构建于开放原始码 simple I / O 界面版，并且具有使用类似 Java、C 语言的 Processing / Wiring 开发环境，包含两个主要的部分：硬件部分是可以用来做电路连接的 Arduino 电路板；另外一个是 Arduino IDE——计算机中的程序开发环境。只要在 IDE 中编写程序代码，将程序上传到 Arduino 电路板后，程序便会告诉 Arduino 电路板要做些什么了。

2 **5AMaker**　5AMaker 系列控制器是创客非凡公司依据机器人搭建功能所自主研发设计的微型控制器。其拥有 5AMaker Mini、5AMaker Max 两款控制器，如图 1-8 和图 1-9 所示。根据搭建机器人功能的不同，所设计的两款控制器的功能也由简到繁。在设计时，开发者为了方便不同年龄段爱好者的使用，该系列控制器兼容 Arduino IDE 编程环境的同时，也兼容市场上大多数的图形化编程软件。

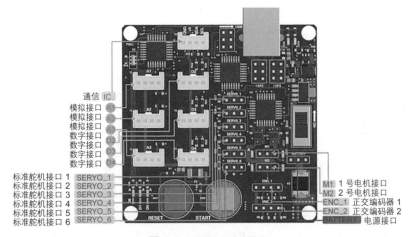

图 1-8　5AMaker Mini

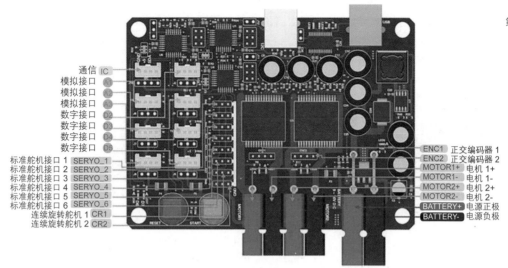

通信 IC
模拟接口 A1
模拟接口 A2
模拟接口 A3
数字接口 D2
数字接口 D3
数字接口 D4
数字接口 D5

ENC1 正交编码器 1
ENC2 正交编码器 2
MOTOR1+ 电机 1+
MOTOR1- 电机 1-
MOTOR2+ 电机 2+
MOTOR2- 电机 2-
BATTERY+ 电源正极
BATTERY- 电源负极

标准舵机接口 1 SERYO_1
标准舵机接口 2 SERYO_2
标准舵机接口 3 SERYO_3
标准舵机接口 4 SERYO_4
标准舵机接口 5 SERYO_5
标准舵机接口 6 SERYO_6
连续旋转舵机 1 CR1
连续旋转舵机 2 CR2

图 1-9　5AMaker Max

5AMaker 能通过各种各样的传感器来感知环境，通过控制灯光、马达和其他的装置来反馈、影响环境。板子上的微控制器可以通过 C / C++编程语言来编写程序，编译成二进制文件，烧录进微控制器。基于 5AMaker 的机器人项目，可以只包含 5AMaker 的控制器，也可以包含 Arduino 和其他一些在 PC 上运行的软件，它们之间可以进行通信（比如 Flash, Processing, MaxMSP）。

3 树莓派　树莓派是微型卡片式电脑，如图 1-10 所示，体积只有银行卡大小，可以运行 Linux 系统和 Windows IOT 系统，并且可以运行这些系统之上的应用程序，可以应用于嵌入式和物联网领域，也可以作为小型的服务器，完成一些特定的功能。与嵌入式微控制器（常见的 51 单片机和 STM32）相比，除了可以完成相同的 IO 引脚控制之外，因为运行有相应的操作系

图 1-10　树莓派

统，可以完成更复杂的任务管理与调度，能够支持更上层应用的开发，为开发者提供了更广阔的应用空间。比如开发语言的选择不仅仅只限于 C 语言，连接底层硬件与上层应用，可以实现物联网的云控制和云管理，也可以忽略树莓派的 IO 控制，使用树莓派搭建小型的网络服务器，做一些小型的测试开发和服务。与通用的 PC 平台相比，树莓派提供的 IO 引脚可以直接控制其他底层硬件，这是通用 PC 做不到的，同时它的体积更小，成本很低，同样可以完成一些 PC 任务与应用。

在嵌入式和物联网开发中，如果需要开发板提供 IO 引脚控制，同时又需要在操

作系统层面进行应用控制开发，那么树莓派就是合适的，另外树莓派作为小型的网络应用服务器也是非常有应用价值的。

图 1-11　Micro:bit

④ Micro:bit　Micro:bit 由英国 BBC 设计，是基于 ARM 架构的单片机，如图 1-11 所示，板子上面集成了蓝牙，可以和其他设备进行通信，并且集成了陀螺仪，所以可以进行一些运动控制。同时，它还将电子罗盘加入主控器中。此外，它还有 5×5 LED 点阵和按键来做一些简单交互。Micro:bit 使用的是 32 位 ARM Cortex M0 处理器和 16KB 内存。Micro:bit 所使用的处理芯片是 ARM 阵营当中最小的，不仅非常节能，还很容易进行编程。Micro:bit 只有 5 个 I/O 环，用户需要使用鳄鱼夹将其连接到其他设备，比如传感器或机器人。但蓝牙功能的存在使其可以与手机或其他设备进行无线连接。

1.5　机器人如何观察世界——传感系统

传感器（transducer / sensor）是一种检测装置，能感受到被测量的信息，并能将感受到的信息按一定规律变换成电信号或其他所需形式的信息输出，以满足信息的传输、处理、存储、显示、记录和控制等要求。

传感器的特点包括：微型化、数字化、智能化、多功能化、系统化、网络化。它是实现自动检测和自动控制的首要环节。通常根据其基本感知功能分为热敏元件、光敏元件、气敏元件、力敏元件、磁敏元件、湿敏元件、声敏元件、放射线敏感元件、色敏元件和味敏元件等十大类。

1.5.1　信号与电信号

信号是反映消息的物理量，例如工业控制中的温度、压力、流量，自然界的声音信号等，信号是消息的表现形式。由于非电的物理量可以通过各种传感器较容易地转换成电信号，而电信号又容易传送和控制，所以电信号成为应用最广的信号。

电信号的形式是多种多样的，通过不同的分类方式电信号可分为确定信号与随机信号、周期信号与非周期信号、连续信号与离散信号、模拟信号与数字信号。

在机器人的传感器应用中，经常会使用模拟信号和数字信号的传感器，以便机器人感知外界环境的信息。模拟信号：参数在给定范围内表现为连续的信号，或在一段连续的时间间隔内，其代表信息的特征量可以在任意瞬间呈现为任意数值的信号，其信号的幅度或频率或相位随时间做连续变化，如广播的声音信号、电视的图像信号等。数字信号：幅度的取值是离散的，幅值表示被限制在有限个数值之内。二进制码就是一种数字信号。二进制码受噪声的影响小，易于由数字电路进行处理。

1.5.2 各式各样的传感器

传感器早已应用于工业生产、宇宙开发、海洋探测、环境保护、资源调查、医学诊断、生物工程甚至文物保护等极其广泛的领域。可以毫不夸张地说，从茫茫的太空，到浩瀚的海洋，以至各种复杂的工程系统，几乎每一个现代化项目都离不开各种各样的传感器。

机器人通过不同的传感器可以检测不同的外界环境信息。它会通过控制系统将这些检测到的信息转化为对应的指令再发送给执行机构，从而使机器人完成相应的功能。下面将介绍在搭建机器人时常用的传感器。

（1）超声波传感器

超声波传感器是将超声波信号转换成其他能量信号（通常是电信号）的传感器，如图1-12所示。超声波传感器通常在机器人中的应用是感知距离。机器人所携带的超声波传感器感知自己与某个物体的距离，发出某些信息给控制系统，控制系统会将收到的信息进行处理与判断，然后告知机器人下一步的指令。

图1-12 超声波传感器

（2）灰度传感器

灰度传感器是模拟传感器，如图1-13所示。灰度传感器利用不同颜色的检测面对光的反射程度不同，光敏电阻对不同检测面返回光的阻值也不同的原理进行颜色深浅检测。在环境光干扰不是很严重的情况下，用于区别黑色与其他颜色。它还有比较宽的工作电压范围，在电源电压

图1-13 灰度传感器

波动比较大的情况下仍能正常工作。它输出的是连续的模拟信号，因而能很容易地通过A/D转换器或简单的比较器实现对物体反射率的判断，是一种实用的机器人巡线传感器。

（3）声音传感器

声音传感器以麦克风为基础，可用来对周围的声音强度进行检测，如图1-14所示。将变化的声音通过麦克风转化为变化的电信号，通过放大器输出变化幅度较大的交流信号，并由模拟口输出具体数值。例如，我们可以通过使用声音传感器做一个跟随声音变化的舞蹈机器人。

图1-14 声音传感器

在搭建机器人的时候，还会用到很多的传感器，在本节就不一一介绍了，在后面的章节中将会通过项目的形式将传感器如何使用告诉大家。除了模块类的传感器，还有一类是在丰富机器人功能上必备的，它就是 Kinect。

Kinect 是一种 3D 体感摄影机（开发代号"Project Natal"），同时它导入了即时动态捕捉、影像辨识、麦克风输入、语音辨识等功能。如图 1-15 所示，Kinect 有三个镜头，中间的镜头是 RGB 彩色摄影机，用来采集彩色图像。左右两边镜头则分别为红外线发射器和红外线 CMOS 摄影机所构成的 3D 结构光深度感应器，用来采集深度数据（场景中物体到摄像头的距离）。彩色摄像头最大支持 1280×960 分辨率成像，红外摄像头最大支持 640×480 成像。Kinect 还搭配了追焦技术，底座马达会随着对焦物体移动跟着转动。Kinect 也内建阵列式麦克风，由四个麦克风同时收音，比对后消除杂音，并通过其采集声音进行语音识别和声源定位。

图 1-15　Kinect

1.6 是时候该执行任务了——执行机构

执行机构主要由各种机械结构系统组成，如工业机器人的机械结构系统由机身、手臂、末端操作器三大件组成，每一大件都有若干自由度，构成一个多自由度的机械系统。而使这些结构发生运动的部件就是电机与舵机。电机与舵机接收到控制器的指令后进行运动，通过齿轮、杠杆等机构带动机器人或机器人的局部发生运动。下面介绍常见的电机。

（1）直流电机

图 1-16　直流电机

直流电机（direct current machine）是指能将直流电能转换成机械能（直流电动机）或将机械能转换成直流电能（直流发电机）的旋转电机，如图 1-16 所示。它是能实现直流电能和机械能互相转换的电机。在一些简单的机器人上，通常使用直流电机驱动机器人，加上电源后，电机将一直转动，让机器人完成一些简单的移动动作。

（2）步进电机

步进电机是将电脉冲信号转变为角位移或线位移的开环控制电机，如图 1-17 所示。步进电机是现代数字程序控制系统中的主要执行元件，应用极为广泛。在非超载的情况下，电机的转速、停止的位置只取决于脉冲信号的频率和脉冲数，而不受负载变化的影响，当步进驱动器接收到一个脉冲信号，它就驱动步进电机按设定的方向转动一个固定的角度，称为"步

图 1-17　步进电机

距角"，它的旋转是以固定的角度一步一步运行的。可以通过控制脉冲个数来控制角位移量，从而达到准确定位的目的；同时可以通过控制脉冲频率来控制电机转动的速度和加速度，从而达到调速的目的。当机器人安装步进电机后，可以进行更复杂的工作。比如跳舞机器人，声音频率高的时候机器人的舞姿灵活敏捷；声音频率低的时候，机器人的舞姿将会铿锵有力。

（3）伺服电机

伺服电机可使控制速度、位置精度非常准确，可以将电压信号转化为转矩和转速以驱动控制对象。伺服电机转子转速受输入信号控制，并能快速反应，在自动控制系统中，用作执行元件，具有机电时间常数小、线性度高且有始动电压等特性，可把所收到的电信号转换成电动机轴上的角位移或角速度输出。伺服电机分为直流和交流两大类，其主要特点是：当信号电压为零时无自转现象，转速随着转矩的增加而匀速下降。

1.7　动力能源的水龙头——驱动器

驱动器在机器人的结构中是必不可少的一部分。因为驱动器的存在，才能使机器人各个独立的部分相互配合。那驱动器的任务到底是什么呢？

本小节将会进行简单的介绍，在后面的章节将会系统地介绍。

驱动器的基本任务是：将电路传来的信号按照其控制目标的要求，转换为加在电力电子器件控制端和公共端之间，可以使其开通或关断的信号。对半控型器件，只需提供开通控制信号；对全控型器件则既要提供开通控制信号，又要提供关断控制信号，以保证器件按要求可靠导通或关断。

一个良好的驱动器可以使整个机器人系统变得更加可靠，同时将会提高机器人系统的工作效率，还可以辅助主控板控制更多的执行结构器件，使机器人系统拥有更多的功能。

第 2 章

机器人的外部结构

致知在格物，物格而后知至。

在第 1 章中，我们了解了机器人系统由供电、控制、传感、执行与驱动这五个部分组成。其中电路和机构都属于机器人的外部结构，在第 2 章中我们将对机械结构和电子电路等进行详细的讲述。

学习目标

① 认识常见的零件与机构；
② 可以辨识各类传感器；
③ 认识常用的电子元器件；
④ 可以看懂简单的电路图。

2.1 综述

机器人的外部结构决定了机器人可以执行怎样的任务。如果扫地机器人没有电机和轮子，那么它就不能完成移动；如果服务机器人没有手臂和爪子，那么它就不能抓起桌面上的水瓶。

本书机械结构的讲解与搭建主要选用"5AMaker"金属零件和乐高 EV3 器材作为示例。乐高塑料零件在国内外都有较广泛的使用，也是很多读者朋友平时使用的。金属零件相较塑料零件更加坚固稳定，零件种类更多，拓展性也更强，支持使用者搭建大型的机器人。同时金属机器人造型也更接近我们平时生活所接触到的机器人。乐高公司生产的塑料零件种类丰富，在国内的使用也十分广泛，很多学校、机构和家庭都有乐高机器人套件。出于方便读者使用的考虑，我们选取了"5AMaker"的金属机器人零件。5AMaker 机器人系统包括 200 种以上的零件，35 种常用的传感器与电子模块，也有控制器、遥控器、电机驱动板和舵机驱动板，最重要的是这套机器人系统与乐高 EV3 完全兼容，不仅零件可以相互结合，5AMaker 的传感器、电子模块、电机驱动板、舵机驱动板也可以通过 EV3 控制器来进行控制。

电子电路部分我们主要通过原理图与面包板电路的示意图进行讲解。原理图是电路连接的示意图，我们不仅能通过原理图知道如何焊接电路，也能知道电路的设计原理；使用面包板可以省去焊接电路与更换器件的时间，便于我们直接观察电路的运行情况。

2.2 认识零件

零件是不可拆分的单个制作件，是构成机械的基本元件。零件有两类，一类是通用零件，它们经常在各种机械结构中出现，例如齿轮、销、轴等；另一类是专用零件，它们只应用在特定的机械结构中，例如电机支架、机械爪的夹臂等。"工欲善其事，必先利其器。"在制作一个机器人之前，首先要知道有哪些零件可以使用，所以本节我们会介绍通用零件，也会为读者们介绍常见的专用零件。

2.2.1 梁零件

在建筑中，梁是支撑房屋结构的关键部分。在机器人搭建中，梁也起到支撑和承重的作用，主要用来搭建机器人的主体结构。常见的梁零件有方梁和 U 形梁，方梁零件（图 2-1）一般是中空的长方体结构，在四面留有固定孔位用于连接；U 形梁零件是三面连接、一面开口的梁结构，U 形梁中间的空隙一般较大，便于三个面连接其他结构。

方梁的四面是紧固连接的，具有坚固、不易变形、承重性能好的特点。方梁零件比 U 形梁零件更细，这样可以使方梁零件不易被压弯或产生凹陷。方梁的结构是四面封闭的，所以固定时需要用螺栓从一侧穿入，再从对侧穿出连接螺母。

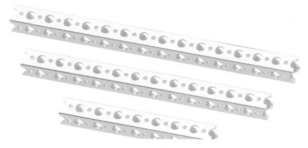

图 2-1　方梁

图 2-2　U 形梁搭建的电动滑板

U 形梁有一面是开放的，所以承重性能不如方梁，但是 U 形梁的三面都可以便捷地固定或连接其他零件，所以更适合用来做主体框架。如果需要 U 形梁承受较大的重量，要避免让两个侧面承受压力，两个侧面只有一侧有支撑更容易发生变形。搭建机器人时选用合理的结构可以让机器人更稳固。图 2-2 所示的 U 形梁搭建的电动滑板，可以支撑一个成年人的体重。

除了机器人套装中的标准件，另外一种常用的梁零件就是图 2-3 所示的工业铝型材。这种铝型材有许多配套的连接零件，如角件、T 形螺母等。加工厂也可以根据用户的需要进行切割、钻孔、攻螺纹等工艺操作，如果用户有手钻、钻床等工具也可以自行打孔。铝型材也是制作机器人常用的材料。如果机器人只需要一个框架，不需要电机、舵机等设备，那么使用铝型材会比较便捷；如果机器人需要连接很多外部的零件或设备，那么就需要在加工前计算好攻螺纹的大小、间距和位置等信息，所以这种 DIY 方式需要更多的前期准备，也较容易出现失误，当用户手边的工具较少时，不推荐全部使用铝型材来搭建机器人。

图 2-3　工业铝型材

2.2.2　板零件

　　板零件在机器人的搭建中，主要用来提供支撑平面和起到连接的功能（图2-4）。板零件的两边固定在其他零件上，中间就可以用来放置其他结构或者控制器与电池。如果板零件上需要承受较大的重量，可以在底部固定梁结构。

图 2-4　板零件

2.2.3　杆零件

　　乐高的杆零件可以起到延伸、连接的作用，也是用来搭建连杆机构的基础零件，如图 2-5 所示。杆零件如果与另一个零件只有一个固定点，那么这两个零件是可以绕着固定点活动的；如果有两个或者更多的固定点，杆零件就不能活动了。

2.2.4　片零件和条零件

　　片零件和条零件在机器人搭建中，是起到与被连接件在同一平面内延伸与连接的作用，如图 2-6 所示。这两种零件的长度种类十分丰富，所以也适合用来搭建连杆机构。搭建连杆机构的时候，可以通过轴、轴套和固定件来完成连接。

图 2-5　乐高常见的杆零件

（a）9孔片零件　　　　　　　　　（b）8孔条零件

图 2-6　片零件和条零件

2.2.5 连接柱

图 2-7 连接柱

连接柱一般用于与被连接件的垂直延伸，也用于电路板与安装平面的隔离，如图 2-7 所示。电路板上的焊点都是导电的，如果电路板不慎触碰到导电的物体，就会引起短路，便有可能损坏电子元器件。所以我们需要把裸露的电路板用连接柱隔离，再与其他电路板固定或者连接在金属机器人的表面。本书选用的金属机器人零件，表面经过氧化处理形成了绝缘层，所以零件表面是不导电的，但是为了机器人系统的稳定性和鲁棒性，推荐使用连接柱对裸露的电路板进行隔离。

2.2.6 角度连接件

前面介绍的板零件与片零件，上面留有的固定孔虽然也可以实现角度连接，但是连接的角度只能是 45°的倍数。如果需要搭建三轮全向移动底盘，我们就需要搭建一个正三角形或者正六边形的底盘，这时就需要 60°或 120°的连接件，如图 2-8 所示。

图 2-8 60°与 120°连接件

2.2.7 方梁连接件

方梁有很多的应用场合，也有很多种连接件用于辅助。方梁的连接件可以分为两类：外接式与内嵌式，如图 2-9 所示。外接式有直角和特殊角度的连接件，零件的一侧有凸起，可以限制方梁松动后的位移，增强连接的稳定性；内嵌式的连接件是卡在方梁中空部分里面的，这种连接方式使结构不容易变形与散架，适合用在需要承重的框架结构中。

（a）外接式方梁连接件　　　　　（b）内嵌式方梁连接件

图 2-9 方梁连接件

2.2.8 L 形连接件

L 形连接件是常见的连接件，用于垂直连接两个零件。在使用工业铝型材时，角件也是最常用的连接件。如图 2-10 和图 2-11 所示。

图 2-10 L 形连接件的 CAD 图 　　　图 2-11 角件

2.2.9 关节轴承

关节轴承由内圈和外圈组成，外圈内侧是一个球面，内圈的外侧是一个球面，两个球面相接触，可以旋转活动。如图 2-12 所示。

近些年商场中的 VR 体验区越来越多，体验区里面有一种可以升降、摇晃的座椅，它的内部正是用到了这种零件。VR 座椅的内部是一个六自由度平台，如图 2-13 所示，在伸缩杆与上下两个平台连接的地方，就是使用了关节轴承连接。

图 2-12 关节轴承 　　　图 2-13 六自由度平台

2.2.10 螺钉、螺栓和螺母

紧固件的应用极为广泛，大到铁路、火箭，小到仪器、手表，能见到各种各样的紧固件。生活中最常见的紧固件就是螺钉、螺栓与螺母了。螺钉、螺栓与螺母的标准化与通用化程度很高，使用十分方便。

根据不同的国家标准来区分，有公制（GB）螺栓、英制（BSW）螺栓和美制（ANSI）螺栓等。公制螺栓是以毫米为单位标记的，是我国制定的标准；英制与美制的螺栓是以英寸为单位的。根据材质来区分，螺栓与螺母有碳钢、不锈钢等类型。

图 2-14　英制螺栓

公制螺栓尺寸的表示形式为"M3×6""M5×20"。其中 M3 和 M5 表示螺栓的直径；6 与 20 表示螺栓的长度（不包含头部）。对于英制螺栓（图 2-14），它的表示形式是这样的："1 / 4-20×5 / 16""3 / 8-16×1 / 2"。其中第一个参数 1 / 4 和 3 / 8 表示螺栓的直径；第二个参数 20 与 16 是螺距，也称牙距，表示 1 英寸内有 20 圈和 16 圈螺纹；最后一个参数 5 / 16、1 / 2 表示螺栓长度（不包含头部）。这些参数的单位是英寸，1 in = 25.4mm。

在选择螺栓时，还要考虑螺栓的强度等级。8.8 级以上的螺栓是高强度螺栓，最高的强度等级为 12.9；较低强度等级的螺栓则称为普通螺栓。

螺钉头部有用于拧紧的凹槽，常见的凹槽形状有一字、十字和内六角，在机器人的装配中，最常使用的是内六角螺钉，因为内六角螺钉的头部凹槽较深，受力点较多，便于拧紧和卸下，并且螺钉不容易被拧花。如果螺钉被拧花就要扔掉，不能再继续使用。如果要卸下拧花的螺钉，这里介绍两种常用的办法。第一种是在螺钉头部垫上一根较宽的皮筋或者双面胶等，然后用旋具按下皮筋拧螺钉。第二种方法是使用电钻或锉刀，把螺钉的头部磨出两条平行的豁口，然后用钳子把螺钉拧下。

2.2.11　自攻螺钉

自攻螺钉是一种常见的螺钉。如图 2-15 所示，自攻螺钉一般头部较尖、牙距较大。在被连接件上预留好底孔，第一次使用自攻螺钉拧紧时，螺钉会在底孔上攻螺纹。在电路板和其他塑料外壳上，会经常用到自攻螺钉。

2.2.12　自锁螺母

螺母在使用时会因为振动等原因松脱，自锁螺母的作用就是通过增大摩擦力，使其不容易松动，如图 2-16 所示。常见的自锁螺母在内部嵌有尼龙圈。自锁螺母拧在螺栓上以后，尼龙圈受到压迫增大了对螺栓的压力，也就增大了摩擦力，螺母便不容易脱落了。

图 2-15　自攻螺钉　　　　　图 2-16　自锁螺母

2.2.13 顶丝

顶丝（图 2-17）较多用于轴孔的固定。顶丝将 D 形轴平整的一侧顶死，这样零件便可以跟随轴一起转动。顶丝在轮子的法兰盘和轴固定零件（图 2-18）上十分常见。

图 2-17　顶丝　　　　　图 2-18　轴固定零件

2.2.14 销

销是用来连接和固定零件的。在乐高 EV3 的塑料机器人体系中，是依靠销作为固定件的，如图 2-19 所示。销的连接端是有弹性的，销零件的头部插入固定孔时，经历了先压缩后膨胀的过程。使用销来将两个零件固定，最少要使用两个销零件，一般情况下安装距离越远越好。这种固定方式，拆装起来快捷方便，但是不能承受较大的载荷。

销零件是塑料机器人系统最重要的固定件，也是使用数量最多的零件之一，所以销零件的质量对机器人性能的影响很大。如果销零件制作的误差较大，大于标准尺寸就会很难插拔，小于标准尺寸就会松动脱落。EV3 机器人将机器人技术的学习延伸至更低的年龄层，也是机器人技术入门的好工具。但是如果要搭建体型和重量较大的机器人，我们就需要金属零件的帮助了。

图 2-19　EV3 的销零件

2.2.15 直齿轮

一般谈到的齿轮多指直齿轮，如图 2-20 所示。直齿轮在生活中应用很广，例如山地车的变速器、闹钟、风扇等；在工业中直齿轮的应用也十分广泛，如齿轮传动、齿轮减速箱等。

当两个齿轮正确啮合，它们的齿在运行时不会发生重叠；两个齿轮如果不能正确啮合，就不能用于传动。

图 2-20　直齿轮

两个正确啮合的齿轮，如果齿数相等，那么两个齿轮的转速相同，转动方向相反；如果是一个齿数较多的齿轮带动一个齿数较少的齿轮，那么齿数少的齿轮的转速会大于齿数多的齿轮转速。如果大齿轮为 200 齿，小齿轮为 20 齿，那么小齿轮的转速就是大齿轮的 10（200 / 20）倍；如果是一个 40 齿的小齿轮带动一个 80 齿的大齿轮，那么大齿轮的转速就是小齿轮转速的一半，它们的转速比就为 1：2。

2.2.16 斜齿轮

图 2-21　斜齿轮

如图 2-21 所示，斜齿轮的齿与齿轮中轴有一定角度，斜齿轮的传动性能要优于直齿轮。直齿轮工艺简单，没有轴分向的力，但是直齿轮的平稳性较差并且容易产生振动；斜齿轮虽然加工较难，但是它的振动和噪声都很小，并且可以适应高转速、重负载的情况，所以它的传动性能更优秀，例如在汽车的变速器中应用的就是斜齿轮。

2.2.17 锥齿轮

锥齿轮是顶面较小、底面较大的圆台形状的齿轮，如图 2-22 所示。锥齿轮用来传递两个相交轴之间的运动和动力。两个啮合的直齿轮，它们的轴是平行的；而两个啮合的锥齿轮，它们的轴是垂直的或者是有其他夹角的。

图 2-23 展示的是吊塔的局部，吊塔的头部与支撑架之间使用锥齿轮传动，两侧的锥齿轮运动方向是相反的。

图 2-22　锥齿轮

图 2-23　锥齿轮在吊塔中的应用

2.2.18 冠齿轮

图 2-24　EV3 冠齿轮

冠齿轮也叫作冠状齿轮，它的齿分布在齿轮的一个圆面上，如图 2-24 所示。冠齿轮的应用与锥齿轮相似，主要用于传递同一平面内垂直两轴间的运动与动力。EV3 零件体系中，冠齿轮可以与冠齿轮相啮合，也可以使用直齿轮与锥齿轮与其啮合。

2.2.19 滑轮

使用乐高 EV3 的读者会经常用到滑轮传动，图 2-25 所示的是皮筋带动木质滑轮的示意图。滑轮传动依靠皮筋拉伸产生的弹力，将两个滑轮压迫在一起，皮筋产生的弹力越大，滑轮转动时与皮筋的摩擦力越大，也就不容易出现打滑的现象了。

滑轮可以用来抬升重物，也可以改变用力的方向。滑轮常见的应用有旗杆、缆车等，如图 2-26 所示。

图 2-25　皮筋带动木质滑轮　　　　图 2-26　旗杆上使用的滑轮

2.2.20 履带轮和履带

履带轮（图 2-27）一般齿高较高、齿槽较宽，有的履带轮在侧面加高形成一个槽，这样履带不容易在转向时从轮中脱离出来。我们在各种机器人套件中见到的履带，是由单个可拆装零件拼成的。履带零件（图 2-28）的安装较为容易，只需要注意不要安反；拆下时要注意不要用力过猛，防止零件折断，如果履带的装配很紧，可以用一字旋具或者薄一点的撬棒拆开。使用履带时要注意安装不能过松或过紧，安装得过松履带将无法传动，安装得过紧履带会断开。如果机器人工作环境的路面情况较为复杂，可以选择使用履带提高运行的稳定性。另外，在坚硬的地面上履带要安装得比较紧，在松软的地面上履带要安装得比较松。

履带和链条都属于链传动，所以链轮（图 2-29）与履带轮的使用类似。较大的链轮运转时每齿与链条啮合的次数较少，较小的链轮每齿与链条啮合的次数较多，所以小链轮要承受更多的振动与磨损。

图 2-27　履带轮

图 2-28　履带零件

图 2-29　链轮

2.2.21　齿条

齿条像一个平铺的齿轮，它的齿分布在一个条状基座上，所以称作齿条，如图 2-30 所示。齿条分为直齿齿条和斜齿齿条，分别与直齿轮和斜齿轮相配合。齿轮与齿条配合时，一般是齿条固定、齿轮移动的，齿轮连接的结构便可以在齿条上做往复运动。齿轮与齿条经常用来制作导轨和升降结构。图中右侧的零件是用来限位的，防止齿轮从齿条上脱落，零件通过两侧的孔位固定螺钉与齿条卡紧。

图 2-30　齿条

2.2.22　凸轮

凸轮转动时，可以让与其相连的杆零件做直线往复运动。凸轮（图 2-31）的形状不是一个正圆，凸轮的曲线形状决定了杆零件的运动轨迹，可以根据实际需要来设计凸轮的形状。使用凸轮的机构可以完成复杂的运动，但是由于凸轮与从动零件的接触面小，所以凸轮容易磨损并且不能承受较大的压力。

图 2-31　凸轮

2.2.23 蜗轮和蜗杆

蜗轮蜗杆机构的传动比很大，一般蜗杆转动一圈，蜗轮（图 2-32）只转过了几个齿。蜗杆（图 2-33）的头数（螺旋线的条数）有多少，蜗杆每转过一圈蜗轮就会转过多少齿，所以蜗轮转动是很慢的。蜗轮蜗杆机构可以提供很大的扭矩，并且具有自锁性，也就是说只能由蜗杆带动蜗轮转动，蜗轮不能反过来带动蜗杆转动。蜗轮蜗杆减速机就是利用蜗轮蜗杆机构输出扭矩大与自锁性制造的。

1x
蜗杆，灰色
4211510

图 2-32　蜗轮　　　图 2-33　金属蜗杆与 EV3 蜗杆

2.2.24 棘轮和棘爪

棘轮的外侧一般是倾斜的齿，棘爪与棘轮配合、可以顶在棘轮两个齿之间的空隙上。棘轮与棘爪配合时，棘轮只能朝一个方向转动，朝另一方向转动时棘爪会将棘轮卡死，让棘轮不能转动。如图 2-34 所示的抬水装置，当人向下按压杠杆，棘轮逆时针转动，棘爪不阻碍棘轮的运动；当人松开杠杆时，棘轮由于水桶的重力，有顺时针转动的趋势，但是棘爪卡在棘轮的两齿之间，棘轮不能转动，水桶也就不会掉下了。

在一个棘轮、棘爪机构中，棘爪作为主动装置，棘轮作为被动装置，可以通过结构设计实现棘爪推动棘轮做步进运动。

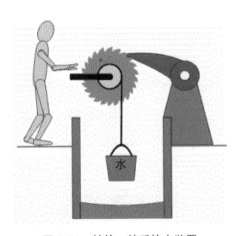

图 2-34　棘轮、棘爪抬水装置

2.2.25 轴

轴是贯穿轮子、轴承、齿轮中心的圆柱体，为零件的转动提供一个旋转的中心，如图 2-35 所示。除了圆柱体的轴，还有 D 形轴和方轴等。D 形轴在机器人搭建中较为常见，因为 D 形轴有一侧是平整的，需要使用顶丝或螺钉固定，这样轮子和齿轮就不会与轴打滑了。

图 2-35　轴

2.2.26 轴承

轴承是一种常见的零件，如图 2-36 所示，在轮滑鞋、自行车、汽车上都有使用。轴承的内圈与轴紧密配合，外圈与需要转动的部件紧密配合，轴承起到的作用主要是支撑与减小摩擦。由于轴承内钢珠的滚动作用，轴承的内外圈运动是分离的，所以轴承并不能用于传动。

2.2.27 轴套

在金属机器人套件中，一般是用轴套（图 2-37）来代替轴承的功能，这是因为搭建的机器人质量比较小，使用轴套就可以满足需要。轴套可以嵌在轮子的中心然后套在轴上，这样轮子就是从动的了；也可以将轴套嵌在齿轮中心，这个齿轮就可以用在齿轮传动的机构中。

2.2.28 联轴器

联轴器是用来将一个轴的运动与动力传递给另一个轴。如图 2-38 所示，联轴器有两端，一端连接主动轴，另一端连接从动轴。使用时要根据主动轴与从动轴尺寸来选取合适的联轴器，将两个轴插入联轴器并将顶丝拧紧就可以了。

图 2-36　轴承　　　　图 2-37　轴套　　　　图 2-38　联轴器

2.2.29 丝杠

丝杠可以将轴的转动转变为滑台在轴上的直线运动，如图 2-39 所示。丝杠通过联轴器与电机轴相连，滑台要与其他结构相连，保证滑台具有丝杠所在轴向的自由度，并且不会随丝杠转动。接下来电机轴向的转动便会使滑台沿着丝杠前后移动了。丝杠机构的适用范围很广，经常用来控制机器人部件的升降、平移等动作。

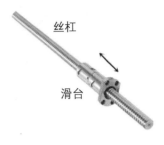

丝杠

滑台

图 2-39　丝杠与滑台组合

2.2.30 法兰盘

法兰盘是用于设备连接的零件，如果我们需要轮子或齿轮跟随轴一起转动，先要将轮子或齿轮与法兰盘固定，然后用法兰盘上的顶丝与 D 形轴固定，这样轮子或齿轮就可以与轴一同转动了。

图 2-40 所示的就是法兰盘，类似形状的、在圆盘上留有固定孔的机械零件都称为法兰。

图 2-40　法兰盘

2.2.31 轮毂

把一个轮子的橡胶轮胎卸下，剩余的框架部分就是轮毂（gǔ）了，如图 2-41 所示。轮毂的两个边缘较高，是为了把轮胎更好地卡住让其不容易脱落。一般从轮毂上卸下轮胎是比较费力的，我们可以使用合适的撬棒或一字旋具来辅助。

当电机转速一定时，直径较大的轮毂线速度越大，车轮移动速度也就越快，但同时轮子的扭矩变

图 2-41　汽车轮毂

小，更容易被障碍物卡住不能移动。轮毂越宽的轮子，与地面的接触面越大，阻力也越大，这样车轮转弯时效果会更好，但是在运行时速度会较慢并且能耗较大。

2.2.32 电机支架

电机的形状是一个近似的圆柱体或长方体，在减速器的轴所在端通常也留有固定孔。所以使用电机时通常有两种固定方式：一种是使用圆环锁紧电机或减速箱；另一种是使用螺钉将减速器与支架固定，如图 2-42 所示。

如图 2-43 所示的第一种电机支架，预留的孔位较多，可以方便地固定在其他零件上。第二种电机支架也很常见，是用来固定步进电机的。

图 2-42　电机支架的使用　　　　　　图 2-43　两种电机支架

2.2.33　舵机支架和舵机臂

舵机是十分常用的执行机构，使用舵机可以搭建双足机器人、六足机器人等。搭建这些机器人需要各种各样的舵机支架与舵机臂（图 2-44）。选取舵机支架的方法是，先确定舵机的摆动方向，然后根据基座位置来选取合适的支架。

图 2-44　舵机支架与舵机臂

2.2.34　金属零件和 EV3 零件结合

我们选取的金属零件套装是可以与 EV3 的塑料零件相结合的，并且 EV3 控制器可以通过电机驱动板与舵机驱动板控制电机与舵机，这样，习惯使用 EV3 的读者也可以制作大型的机器人了。

结合件通过螺钉固定在金属零件上，EV3 的杆零件穿过结合件，然后使用销零件进行固定，这就是固定件的典型使用方法。如图 2-45 所示。

图 2-45　金属零件与 EV3 零件结合

2.3 机械结构

机械在生活中无处不在，像筷子、自行车、桌椅等都属于机械。机械是能帮人们降低工作难度或省力的工具装置。

在涉及到机械相关的内容时，我们会经常听到"结构"和"机构"两个词，那么这两个词有什么区别吗？在组成机器人的机械装置中，相互连接组成整体并固定不动的装置被称为结构；而两个或两个以上元件通过可以活动的连接形成的整体被称为机构。特定的动作与运动都是通过机构来实现的，功能复杂的机器人一般是由很多常用机构组成的，如连杆机构、齿轮机构、凸轮机构、蜗轮蜗杆机构等，下面我们就来了解常用的机构。

2.3.1 连杆机构

连杆机构是两个或两个以上杆零件通过可以相对转动或平移的方式进行连接，形成一定运动轨迹的机构。根据连杆组成部件的相对运动形式，连杆机构可分为平面连杆机构与空间连杆机构。根据连杆机构中部件的数量，可以分为四连杆机构、五连杆机构等。

连杆机构被应用于各种各样的机械中，例如剪刀、缝纫机和公交车开关门的机构。连杆机构可以传递较大的动力，并且能够实现多种多样的轨迹。但是连杆机构不适合传递高速运动，当构件数较多时机械效率会降低，并且可能产生较大的累计误差。

平面连杆机构的所有构件都在同一平面或是相互平行的平面内运动，例如图 2-46 所示的雨刷器模型，齿轮的中心与上面的方梁需要固定在其他结构上不发生移动，接下来转动齿轮，相连的片零件会带动平行四边形产生变形，"雨刷"就可以来回摆动了。

图 2-46 雨刷器模型

四边形结构的升降台也是连杆机构常见的应用。升降机构像许多剪刀首尾相连一样，当底部的活动点靠近固定点时，升降台向上升起，两个点远离时升降台下降。如图 2-47 所示。

图 2-47　升降台模型与实物

　　与平面连杆机构不同，空间连杆机构的组成构件可以在空间中进行相对运动，在农业机械等场景中应用较多。图 2-48 中是飞机起落架的空间连杆机构，A 和 B 两个连接处是关节轴承，零件 1 向右侧滑动时会通过 3 号杆给 2 号杆施加拉力，由于 2 号杆的根部是一个转轴，只能绕轴转动，所以受到拉力后机构就被折叠起来了。当零件 1 从右向左滑动时，2 号杆受到推力，轮子就会被放出。

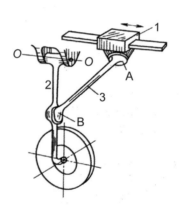

图 2-48　飞机起落架机构

2.3.2　平面铰链四杆机构

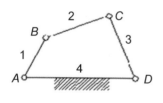

图 2-49　铰链四杆的基础形式

　　平面连杆机构的种类有很多，其中平面铰链四杆机构是十分常用的基础形式，如图 2-49 所示，许多其他机构都是由其演变而来的，例如曲柄滑块。铰链四连杆每个部件的连接处都只能做转动，其中固定不动的构件 4 称为机架，直接与机架相连的 1、3 零件称为连架杆，不与机架直接相连的 2 号零件称为连杆。

铰链四连杆机构有三种基本的形式，分别是曲柄摇杆机构、双曲柄机构和双摇杆机构。曲柄和摇杆的区别是：曲柄能够做 360° 整周回转，摇杆则只能在一定范围内做转动。

如果铰链四连杆机构的两个连架杆，一个是曲柄另一个是摇杆，那么这个机构就是曲柄摇杆机构。如果机构中曲柄为主动，摇杆为被动，那么机构就是通过曲柄的整周转动来控制摇杆做摆动运动；如果机构中摇杆为主动，曲柄为被动，那么机构就是通过摇杆的往复摆动来控制曲柄做整周转动。

雷达上像锅一样的部件就是它的天线，雷达的天线为了保证精度被设计为 120° 左右的开角，所以天线的朝向决定了雷达的监测区域。为了改变天线的朝向，雷达底部是一个可以转动的平台，天线的俯仰角是通过曲柄摇杆机构来调节的。图 2-50 右侧图中深色的连架杆是曲柄，灰白色的连架杆是摇杆，曲柄转动后，摇杆的俯仰角会发生变化，天线的朝向也就随之改变。雷达中的曲柄摇杆机构摇杆是作从动件的，而在缝纫机中的曲柄摇杆机构，是摇杆主动曲柄作从动。

图 2-50　雷达俯仰角调整机构

铰链四连杆机构的两个连架杆如果都是曲柄，那么这个机构就是双曲柄机构。双曲柄机构将一个曲柄的转动转变为另一个曲柄的等速或变速转动。双曲柄机构的两个曲柄转动方向可以相同也可以不同。火车轮的联动机构为双（多）曲柄机构，机构中曲柄的长度相等，转速也相同，如图 2-51 所示。

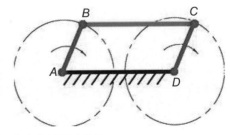

图 2-51　火车车轮联动机构

两个曲柄反向转动的机构（图 2-52）在生活中也十分常见，一种车门的开关控制机构就是根据反向双曲柄机构设计的。如图 2-53 所示，构件 1 与 3 是两个曲柄，两个车门分别与两个曲柄相连，构件 2 是连杆。当曲柄 1 逆时针转动、曲柄 2 顺时针转动时，车门打开；当曲柄 1 顺时针转动、曲柄 2 逆时针转动时，车门关闭。虽然两个曲柄只在一个范围内转动而不是整周转动，但是机构也是属于双曲柄机构的。这是因为双曲柄机构连架杆较短、连杆较长，具有完成整周回转运动的能力。对于双摇杆机构，它的两个连架杆较长，连杆较短，是无法完成整周回转的，只能在一定范围摆动。

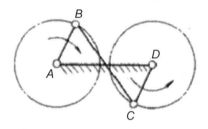

图 2-52　反向双曲柄机构

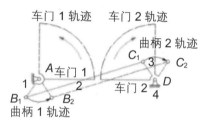

图 2-53　控制车门开关的机构

铰链四连杆机构的另一种基本形式就是双摇杆机构了。双摇杆机构的功能是把主动摇杆的摆动转换为从动摇杆的摆动。起重机吊臂机构和汽车前轮的转向机构等，都是双摇杆机构的应用，如图 2-54 所示。

图 2-54　汽车前轮转向机构

2.3.3　曲柄滑块机构

曲柄滑块机构是铰链四杆机构的一种变形，将铰链四杆机构中一个可以转动的连架杆替换为移动的滑块，就是曲柄滑块机构了。曲柄滑块机构的功能是将曲柄的回转运动转换为滑块的平移运动，或者是将滑块的平移转换为曲柄的转动。

汽车的活塞发动机应用的就是曲柄滑块机构，如图 2-55 所示。四行程汽油机每一个工作周期包含四个流程，即进气、压缩、膨胀（做功）和排气，每个周期活塞上下往复运动四次，带动曲柄的电机要转动两圈。

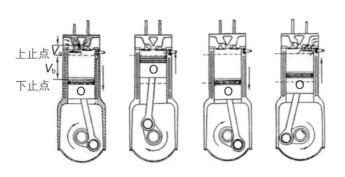

（a）进气行程（b）压缩行程（c）膨胀行程（d）排气行程

图 2-55　活塞式发动机

在进气过程开始时，进气门打开排气门关闭，活塞从上止点移动到下止点，因为汽缸内气压很小，汽油和空气的混合气体就会进入汽缸。在压缩过程，进气门与排气门关闭，曲柄带动活塞由下止点移动到上止点，汽缸的压力和温度上升。在活塞接近上止点时，火花塞点火，混合燃气被点燃，体积迅速膨胀，能量推动活塞并使摇杆转动，这个过程是活塞主动推动摇杆转动的。混合气体燃烧产生的能量除了维持发动机自身的运转，还会带动传动机构与车轮运转。最后一个阶段是排气，进气门关闭排气门打开，活塞由下至上将废气排出。

2.3.4　齿轮机构

齿轮机构是用来传递两个轴之间的运动和动力，在日常生活与工业生产中的应用都极为广泛。按照机构中两个齿轮安装轴的位置关系，可以分为平行轴、相交轴与交错轴。平行轴最容易理解，就是两齿轮所在轴相互平行，例如直齿轮机构与斜齿轮机构；相交轴与交错轴是不相同的，相交轴的两个轴是在同一平面内的，这两条轴的延长线在平面内相交，例如锥齿轮机构；而两个交错轴是不在同一平面内的，例如蜗轮蜗杆机构与齿轮齿条机构。在齿轮机构这部分内容，我们会介绍直齿轮机构、斜齿轮机构、人字齿轮机构与锥齿轮机构的功能与特点。

我们先来了解最基本的直齿轮机构。如图 2-56 所示，在直齿轮机构中，两个齿轮的转动轴平行，转动方向相反。在直齿轮传动过程中，将要啮合的两齿直接冲击，导致传动的平稳性相对较差。

直齿轮机构可以分为三种类型：第一类是两个一样的齿轮相啮合，起到传递运动和动力与改变转动方向的功能；第二类是小齿轮带动大齿轮运动，大齿轮运转的角速度低于小齿

图 2-56　直齿轮传动机构

轮，并且扭矩增大，可以带动更重的负载；第三类是大齿轮带动小齿轮运动，小齿轮转动的角速度较大但是扭矩较小，带动轮子转动时更容易被障碍卡绊。三种直齿轮机构的功能各不相同，使用时要根据需要进行选择。

斜齿轮根据制造形状的不同，可以用于平行轴、相交轴与交错轴的传动。斜齿轮与直齿轮相比，重合度较高、平稳性也较好，所以承重能力与高速能力也较强。斜齿轮的强度高并且传动平稳，但是斜齿轮在轴上会产生力，增大了机构的摩擦损耗。

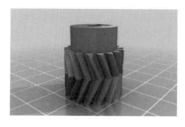

图 2-57　人字齿轮的 3D 模型

为了消除斜齿轮产生的轴向力，人们制造了人字齿轮，如图 2-57 所示。人字齿轮相当于两个尺寸相同、齿向相反的斜齿轮装配成"人"字形。人字齿轮具备斜齿轮重合度高、承重能力强的特点，同时消除了轴向力，但人字齿轮的加工制造更加困难、成本高，所以平时使用较少，在重载传动的场合较为常见。

最后我们介绍锥齿轮机构，锥齿轮机构用于任意夹角相交轴之间的传动，但最常见的装配方式是用在垂直的两相交轴上。锥齿轮的齿分布在一个圆锥的侧面上，如果将齿延长补全，就得到了图 2-58 右侧的示意图，从这个角度可以看出两个圆锥补满了 180°。如果两个锥齿轮的相交轴是 90° 以外的角度，那么将两个啮合的锥齿轮延长，侧面得到的扇形角度应是两个齿轮轴相交角的两倍。

图 2-58　90° 相交轴锥齿轮的原理

2.3.5　齿轮齿条机构

齿条是齿轮的变形，齿轮齿条机构也是齿轮机构中的一种，如图 2-59 所示。电动机的物理原理决定了电动机的动力是通过转轴旋转输出的，当我们需要把转轴上的动力转换为水平方向上的动力时，就需要用到齿轮齿条等机构。

曲柄滑块机构也可以通过转轴的动力使滑块做往复运动，机构中电机与转轴通常是固定不动的，滑块进行往复运动。而在齿轮齿条机构中，通常齿条是固定不动的，电机与齿轮在齿条上进行往复运动。

图 2-59　坦克炮台座上的齿轮齿条机构

　　齿轮齿条机构与丝杠结构相比较，两者都能够带动较大的负载。在短距离传动时，丝杠机构的精度要明显优于齿轮齿条机构；但对于长距离的传动，丝杠的振动就会严重，影响滑台在上面的运行，而齿条可以连接增加长度，机构不会产生振动的现象。丝杠滑台机构的有效距离一般为几十厘米，需要时可以从网上进行订购。

2.3.6　蜗轮蜗杆机构

　　蜗轮蜗杆机构同样属于齿轮机构，用于交错轴之间的传动，如图 2-60 所示。蜗轮蜗杆机构最大的特点是传动比大并且具有自锁性。蜗杆带动蜗轮转动时，蜗杆转动一圈，蜗轮只转动几个齿，因而机构的传动比可以非常大，蜗轮的输出扭矩也就非常大。蜗轮蜗杆机构的自锁性是指：通常我们使用的蜗轮与蜗杆零件，只能通过蜗杆来带动蜗轮，而蜗轮不能带动蜗杆运动，所以当蜗杆停止转动时，蜗轮与其连接的负载不能使蜗杆发生倒转。

图 2-60　蜗轮蜗杆机构

　　除此之外，因为蜗杆的齿是螺旋的，所以与蜗轮啮合的过程是连续的，蜗杆的齿没有进入与退出啮合的过程，所以机构运行的平稳性很强、噪声小。但是蜗轮蜗杆机构的传动效率低，零件的磨损较为严重，同时蜗杆所受的轴向力也很大。

2.3.7　凸轮机构

　　凸轮机构主要由凸轮与从动部件组成。凸轮由于其特殊的轮廓形状，可以将轮轴的回转运动转变为特殊的运动方式。凸轮与其从动部件都有很多种类型，凸轮根据形状可以分为盘形凸轮、移动凸轮和圆柱凸轮，如图 2-61 所示。盘形凸轮绕固定的轴转动，因为凸轮的轮廓不规则，凸轮与从动部件的接触位置到转轴中心的距离就会不断变化，从动部件便会完成相应的往复动作；移动凸轮相对于从动部件做直线运动，这种机构在机床上应用较多；圆柱凸轮上有一圈凹槽，圆柱凸轮绕轴转动，从动件卡在凹槽中在平面内完成移动或摆动动作。

图 2-61　盘形凸轮、移动凸轮、圆柱凸轮

从动部件根据与凸轮的接触方式可分为尖顶从动件、滚子从动件与平底从动件三种，如图 2-62 所示。尖顶从动件可以与任意的复杂轮廓保持接触、适应性强，但是尖部容易磨损，不能用在传动力量大或者高速的场合。滚子从动件与凸轮间是滚动摩擦力，所以磨损较小，可以用于大动力传动，应用最为普遍。对于平底从动件，凸轮对其的作用力始终与底面垂直，所以从动件的受力平稳，通常用于高速传动的场合。

凸轮与从动部件的锁合方式主要是力锁合与几何锁合。力锁合就是从动件通过重力、弹力等作用力，与凸轮始终保持接触。图 2-61 中移动凸轮的滚子从动件就是通过重力让从动件与凸轮保持接触的。几何锁合的方式是通过凹槽等封闭的几何形状，将从动件与凸轮保持接触，如图 2-63 所示。

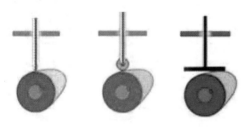

图 2-62　尖顶从动件、滚子从动件、平底从动件　　　图 2-63　凹槽锁合凸轮

2.3.8　棘轮机构

因为棘轮的特殊形状，棘轮机构只能朝一个方向运动而不能发生倒转。棘轮机构由棘轮、棘爪和机架组成，机构比较简单，但是准确性较低，同时在高速运动的情况下，棘轮与棘爪之间的冲击与噪声都很大。

棘轮机构中，如果棘爪为主动、棘轮为被动，那么机构就可以做间歇运动。除了连续运动机构，很多场合要用到间歇运动机构，间歇运动机构中主动件做连续运动，而从动件做"运动-静止"的周期运动。除了棘轮机构，凸轮机构、槽轮机构、不完全齿轮机构都可以制成间歇运动机构。

间歇运动的棘轮机构，通过棘爪的往复运动推动棘轮步进运转。例如图 2-64 中所示的间歇式棘轮机构，摇臂上装有两个棘爪，这两个棘爪不是固定死的而是可以绕根部转动的。棘轮步进的过程是：首先摇臂向左摆动，棘爪卡在齿的空隙中，推动棘轮逆时针旋转；棘轮步进动作完成后，摇臂右摆，带动棘爪回到右侧，准备再次推动棘轮前进。

图 2-64　间歇式棘轮机构

2.3.9　带传动机构

带传动机构是使用柔性带将主动带轮的运动和动力传递给从动带轮的。带传动机构一般有两种类型，一种是依靠摩擦力来传动的摩擦型带传动，另一种是传送带上有齿的同步带传动。带传动具有运动平稳、噪声小的特点，但是带传动效率与精度较低，传送带的使用寿命也较短。

摩擦型带传动机构，其传送带根据截面形状的不同，可以分为平带、三角带、圆带等，如图 2-65 所示。平带与圆带的结构都很简单，平带主要用于两轴平行的较远距离传动，而圆带承载力较小，通常用于家用和医用器械。三角带（也称 V 带）与带轮的接触面积更大，摩擦力与牵引力也更大，一般的机械中使用三角带传动的较多。皮筋与线绳的传动机构与摩擦型带传动类似，我们不再做介绍。

图 2-65　平带与三角带

同步带与同步带轮是啮合传动的，同步带的齿是钢丝抗拉体，在外侧覆盖橡胶层起保护与增大摩擦的功能。传送带机构经常用在 3D 打印机、激光雕刻机等设备中，图 2-66 中展示的是在一台 3D 打印机中使用的同步带机构，机构通过一个步进电机来提供动力，在步进电机的轴上和打印机另一端的轴上固定同步带轮，然后通过同步带啮合连接，打印机喷头通过滑轮等机构固定在同步带上，这样一来步进电机就可以控制喷头左右移动了。

图 2-66　3D 打印机中的同步带机构

2.3.10　链传动机构

　　链传动机构主要包括链条和链轮，通过两者的啮合将运动与动力进行传递，机构中主动链轮与从动链轮的运转方向是一样的。链传动与带传动相比没有打滑的现象，同时没有弹性的作用，轴上所受的压力也较小。链传动机构承载能力较强，并且可以在温度较高、油污严重的场合工作，所以在矿业、农业机械中应用广泛。

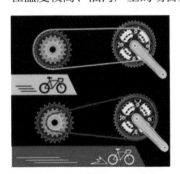

图 2-67　山地车的变速系统

　　读者可以通过山地车的变速系统对链传动机构进行理解，如图 2-67 所示。山地车是通过链条将主动链轮的动力传递给从动链轮的，山地车的变速系统可以选择主动链轮或者从动链轮的大小。在链传动机构中，主动轮与从动轮的线速度是一样的，也就是说相同时间内两个轮转过的链条节数是一样的。因为机构中两个链轮的线速度一样，如果链轮的齿数较多，那么它在一段时间内转过的角度就较小；如果链轮的齿数较少，那么它在这段时间内转过的角度就较大。

　　图 2-67 中第一种情况下，连接踏板的主动链轮（右侧）较小，从动链轮较大，骑手蹬过一圈后，后轮的转动不到一圈，车速也就较慢；在第二种情况下，主动链轮较大，从动链轮较小，骑手蹬过一圈后，后轮转动许多圈，车速就很快了。传动比较大时，骑手蹬起来需要的力量也越大，所以在上坡时我们一般选择较小传动比，减轻我们上坡的负担。

2.3.11　螺旋机构

　　螺旋机构（图 2-68）利用螺杆与螺母，把螺杆的回转运动转变为螺母的直线运动，丝杠滑台机构就是典型的螺旋机构。螺旋机构按照功能的不同，主要有以下三种类型：传力螺旋，以传递动力为主，如千斤顶等设备，传力螺旋可以把螺杆较小的转矩转变为较大的轴向力，机构的传动比较大所以螺母的运动缓慢；传导螺旋，以传递运动为主，通常具有较高的运动精度，丝杠滑台机构属于传导螺旋；调整螺旋，用于调整并固定零部件之间的相对位置，通常不参与传动但是自锁性较好，这种机构在机床、台钳、卷圆机等设备上都有应用。

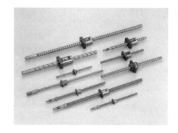

图 2-68　螺旋机构

曲柄滑块机构也可以将轴上的回转运动转变为从动件的直线往复运动，螺旋机构与之相比有许多优势。螺旋机构的结构更简单、运行的稳定性也更强，传动比也更大，可以使用较小的扭矩来带动从动部件。螺旋机构的不足在于其螺纹之间有较大的相对滑动，导致机构磨损较大、效率较低。

2.3.12　弹簧机构

弹簧在机械中的应用很广泛，弹簧在其中起到的作用与弹簧的类型有很大的关系，按照工作形式可分为拉伸弹簧、压缩弹簧、扭转弹簧和弯曲弹簧（图 2-69），按照几何形状可以分为螺旋弹簧、环形弹簧、片簧、碟形弹簧等。

压缩弹簧在自由状态下各圈之间留有间隙，在弹簧承受最大负载时，压缩弹簧也应留有间隙保持弹性。拉伸弹簧空载时各圈是没有间隙的，受力后会拉伸出空隙。弹簧产生的弹力与弹簧变形的大小成正比，弹簧变形越多产生的弹力就越大。

图 2-69　压缩弹簧与拉伸弹簧

扭转弹簧（图 2-70）也叫扭簧，它延出的部分可以旋转并提供弹力。而片簧是片状结构的弹簧，片簧的行程与作用力都较小，通常使用电阻率较小的材料制作并用于电子电路中。

图 2-70　扭转弹簧

2.3.13 阻尼机构

图 2-71　阻尼机构

阻尼机构（阻尼器）（图 2-71）是用来阻碍物体运动的，经常用作支撑和减振，常用的阻尼器是气压阻尼杆。在许多场景会有这样的需要，机器人的机构要与其他物体接触，但又需要缓冲，例如足球机器人的持球机构。

足球在场地中滚动的速度是很快的，如果机器人的持球机构没有缓冲装置，球冲击在上面后会被弹出很远，机器人还需要去追赶球，严重影响了动作的连贯与流畅。如果在持球器上装配阻尼杆，那么球撞击的能量就会被阻尼杆吸收，球就不会弹出了。除此之外在机器人持球转向时，球会对持球机构产生一个侧向的力，这个力也可以通过阻尼杆的变形进行抵消，球就不会因为机器人快速的转向而滑脱了。图 2-72 中蓝色的滚轮与后面的连接臂和阻尼杆就构成了机器人的持球机构。

图 2-72　RoboCup 中型组足球机器人

2.3.14 机构的串联

我们已经了解了许多零件与机构，很多常用的动作都可以通过这些机械来实现，但是实际的需求是多种多样的，单一的零件与机构会有局限性。为了解决问题，人们需要进行创新，有时候需要制造新的机构，但更多情况下人们通过对若干种基本机构进行组合来达成目的，最常用的组合方式就是机构的串联与并联。

在组合串联系统中，前一级机构的输出是后一级机构的输入。串联机构的分析相对简单，从输入一级一级地分析即可；而设计串联机构时则是反过来，从输出端一级一级地往前设计。

在图 2-73 的串联机构中，电机轴连接凸轮中心，凸轮直径较大的半圈转动将棘爪顶起，棘爪推动棘轮前进。凸轮半径较小的半圈转动，棘爪放下，卡在下一个齿的空隙之中，准备再次顶起棘轮。除了凸轮与棘轮棘爪的串联机构，还有凸轮-连杆、齿轮-连杆、凸轮-齿轮等串联机构。

图 2-73　凸轮-棘轮棘爪机构串联

2.3.15　机构的并联

机构的并联是指多个子机构有同一个输入和同一个输出，机构并联的输入端也较多使用凸轮机构，凸轮在旋转一圈内会触发多个其他机构，由此便可以实现配合。

需要注意，并联机器人并不是机构的并联。并联机器人有一个固定平面和一个活动平面，通过对连接两平面的机构进行控制，使活动平面到达目标位置和姿态。常见的并联机器人有六自由度平台与 Delta 机器人，如图 2-74 所示。商场中的 VR 体验平台，内部就是一个六自由度平台，它的底面是固定面，顶面是活动面，可以升降与调整姿态。Delta 机器人的顶部是固定面，而底部为活动面，活动面可以在空间中移动，这种结构经常用在工业分拣机器与 3D 打印机中，需要注意的是，活动面是始终与固定面保持平行的。

图 2-74　六自由度平台与 Delta 机器人

2.4　电路基础

本章机械部分的学习就告一段落了，后面将会是电路知识的学习。电路就是电信号与电能流通的路径，通常由电源、负载、连接线和控制部分组成。在开始学习传感器和电子元器件之前，我们会详细讲解电压、电流等基础概念，对电路基础进行了解。除了电路基础知识以外，各种各样的专业名词会让我们感到困惑，所以我们会在本节为读者朋友们介绍负载、封装等常用的词汇。

2.4.1 电压

电压是有大小和方向的。我们都知道 5 号电池的电压是 1.5V，插座的电压是220V，这里的 1.5V 和 220V 指的就是电压的大小。在使用电池的时候，我们会发现电池上印有"+"和"－"，这表示的是电池的正极与负极，如果我们把电池放置正确，设备就可以工作，如果正负极放反的话，设备是不能工作的，所以电压是具有方向性的。我们知道了电压有大小和方向，再来理解一下"5 号电池的电压是 1.5V"这句话的含义，就是"5 号电池从正极到负极的电压大小为 1.5V"。电压的国际单位是伏特，简称伏，符号是 V，是为纪念意大利物理学家亚历山德罗·伏特而命名。

知道了电压具有大小和方向，还需要了解电压其实是一个相对的概念，而不是一个绝对的概念。我们通过遥控器来理解电压相对的概念，打开电视遥控器的电池盖，会发现是由两节 5 号电池或 7 号电池供电的。它的连接方式是第一节的正极连在第二节的负极，如图 2-75 所示。两节电池这样连接在一起，输出的电压是多少呢？我们认为第一节电池的负极为 0V，那么第一节电池的正极与第二节电池负极连接处的电压就是 1.5V，第二节电池正极的电压比连接处电压高 1.5V，也就是 3V。如果我们认为第二节电池负极处为 0V，那么第一节电池负极的电压就是－1.5V，第二节的正极为 1.5V。我们会发现，不管选择哪里作为 0V 电压的参考点，最终得到的结论都是一样的，两节电池两端相差 3V，这就是电压的相对的概念。

我们把上面对电压理解的过程简化一下：

1 电压具有大小和方向；

2 电压是相对的；

3 电路中两点之间的电压，是两个参考点相减所得的差。

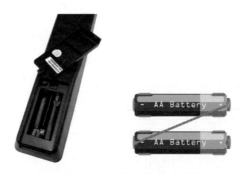

图 2-75   电视遥控器电池连接方式

2.4.2 电流（电流强度）

如果旋转调光台灯的旋钮，灯光的明暗会发生变化，这是因为通过灯泡的电流强度发生了变化。电流强度的定义是单位时间内通过导体任一横截面的电量。电流强度的单位是安培，简称安，符号是 A，是为纪念法国物理学家安德烈·玛丽·安培而命名的。电流也是具有方向性的，其方向是从高电压流向低电压。调光台灯的电压是固定不变的，通过的电流越大，灯泡获得的电能越多，也就越亮，如图 2-76 所示。

图 2-76　调光台灯

电子设备正常工作是需要一定电压和电流的。如果电压过低，电路中很多电子元器件将不能正常工作，例如提供给 Arduino 的电压过小，Arduino 就不能工作。如果电流过小，设备的运转会显得"没劲"，例如通过电机的电流如果较小，那么电机的转速和力量都会下降。同时，电子设备也不能承受过高的电压与过大的电流。过高的电压会击穿、破坏电子元器件；过大的电流会使线路急剧发热，烧坏元器件、融化绝缘层。所以电压（电流）过高（大）或过低（小），都会对电路的正常运行造成影响，为设备供电时一定要注意电源的参数。

2.4.3 直流电和交流电

如图 2-77 所示，直流电（direct current，DC）的电流大小与方向都不变化，而交流电（alternating current，AC）的电流随时间作周期性变化，例如市电就是每秒钟 50 次周期变化。干电池、手机电池都是直流电，220V 市电是交流电。交流电在长距离电能传输和配电上应用比直流电更方便；但是一般的电子设备是直流供电的，所以从市电接入以后，需要再通过电路转换为直流对设备供电。

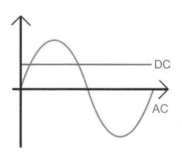

图 2-77　直流电与交流电的波形图

220V / 50Hz 的市电是严禁触碰的，如果较大的电流通过身体，触电者就有生命危险。如果有人触电要尽快切断电闸，或者使用绝缘物体（如干燥的木棍）将触电者与电线分开，另外一定不要用手触碰触电者。

2.4.4 电阻

这里我们介绍的电阻是一个物理量，而不是指电阻器。电阻（resistance，通常用

"R"表示）是表示导体对电流阻碍作用大小的物理量，电阻越大表示对电流的阻碍作用越大。电阻的单位是欧姆，简称欧，符号是 Ω。

2.4.5 串联与并联

串联电路的特点是负载在电路中以首尾相连的方式连接，串联电路中各个负载上分摊电压的总和等于电源电压。串联电路中，通过各个负载的电流都一样。如果电路中某个元件损坏使电路断开，那么整个电路断开，所有设备都不能工作。如图 2-78 所示的 LED0 与 LED1 就是串联的。

并联电路中的各个负载与电源直接相连，每个支路分摊的电压都一样，等于电源电压。整个电路的电流等于各个支路电流的总和。如图 2-79 所示。

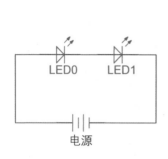

图 2-78　串联电路示意图

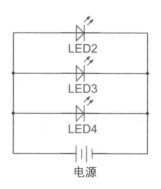

图 2-79　并联电路示意图

2.4.6 短路

短路一般是指电源短路，也就是电源的正负极直接相连。电源短路会导致电路中的电流非常大，短接的瞬间可能会有电火花产生，长时间的短路会损坏电源，也会使导线温度急剧升高融化绝缘层，甚至造成火灾。

2.4.7 断路

断路也称作开路，是指电路断开没有闭合，电路在断路处有电压，但是不能形成电流，如图 2-80 所示。

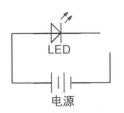

图 2-80　断路示意图

2.4.8 导体、绝缘体、超导体

在电路中起到连接作用的导线、电线、接口等，它们的电阻都很小，都是电的良导体。这些容易导电的物体就是导体，例如金属、石墨等。人们把那些不容易导电的物质，例如橡胶、陶瓷等称为绝缘体。

导体和绝缘体之间并没有绝对的界限，在一定的条件下，如加高压、加热，会使绝缘体变得可以导电。例如，干燥的空气在一般条件下是不导电的，但当静电产生时，我们听到"啪啪"的声音，这就是静电将空气电离后产生的声响。这种静电的电压高达上万伏，可以通过空气放电，把空气变成导体。虽然静电的电压非常高，但是静电的放电时间短、电流小，所以不会对人体造成损伤。但是静电的高压会导致击穿并损坏电子元器件，所以触碰电路前要确认释放了静电。

人们发现有些物质在温度降低至绝对零度（−273.15℃）附近时，它们就几乎没有电阻了，这种现象叫超导现象。能够发生超导现象的物质就被称为超导体。在远距离输电中，如果使用超导体传输可以大大减少损耗的电能；如果在计算机的集成电路中使用超导体，那么散热问题就不存在了，计算机的运行速度会大大提升。超导体的研究一直在持续推进着，但是目前还没有找到在室温下超导的物质。

2.4.9 半导体

在导体和绝缘体之外，还有些材料的导电性能介于导体与绝缘体之间，它们被称为半导体。半导体在一定的条件下，如改变半导体的温度、用光线照射，半导体的导电性能会发生变化。半导体的这种性能被人们加以利用，制成了热敏电阻、光敏电阻等电子元器件。

2.4.10 负载

负载是把电能转换为其他形式能的设备，如热水器把电能转换为热能、电机把电能转换为机械能，负载也就是"用电器"。在电路中，小灯、电机、舵机、扬声器等都是负载。

2.4.11 单片机

单片机也称微控制器，它是一台微型的计算机，包含了中央处理器 CPU、随机存储器 RAM、只读存储器 ROM、控制接口与通信接口等。控制器的主芯片就是单片机，各种家用电器的控制系统使用的也是单片机。

单片机需要外围电路的配合来实现功能。想要一块单片机正常工作，一般最少需要三部分：电源电路、复位电路、时钟电路。电源电路为单片机提供合适的电压，复位电路可以让电路恢复到起始状态，时钟电路保证单片机规律稳定地运行。由最少外围电路构成的单片机电路被称作单片机最小系统。如图 2-81 所示。

图 2-81　Arduino 的主芯片 ATMEGA328

2.4.12 芯片

芯片是指内含集成电路的硅片。在日常使用中，芯片和集成电路表达的是相同的意思，使用时不做区分。如图 2-82 所示为语音识别芯片 LD3320A。

每个芯片都有自己的数据手册（datasheet），数据手册包括芯片的概述、各项参数、使用说明等内容。

图 2-82　语音识别芯片 LD3320A

2.4.13 引脚

引脚也叫管脚，英文名称是 Pin，是指芯片引出的与外围电路连接的接口。芯片的每个引脚都有自己特定的功能和定义。

我们在这里列出常见的引脚定义，并做简单的介绍。

VCC　　　Volt Current Condenser，电源。该引脚连接电源正极，如果电路中没有做特殊说明，VCC 一般连接在 5V 电源的正极。

GND	Ground，接地端。GND 是电路中 0V 电压的参考点，一般连接电源负极。当一个电路中有多个芯片或设备时，它们的 GND 要连接在一起，否则设备的 0V 电压参考不一致，电压信号将不能正常传递，这种连接称为"共地"。
VDD	D 是 Device 的缩写，VDD 是指设备的电压。该引脚连接适合设备工作电压的电源正极。
VSS	S 是 Series 的缩写，VSS 指公共连接端。VSS 连接电源负极，相当于 GND。
5V	5V 引脚要连接 5V 电源的正极。
12V	12V 引脚要连接 12V 电源的正极。
RESET	RESET 是复位的意思。
EN	Enable 的简写，使能端，使电路中的特定功能可以执行。EN 为高电平时使能，如果 EN 上面有一条横线，则是低电平使能。
RXD	Receive X Data，串口通信接口。接收数据端，需要连接其他设备的 TXD。
TXD	Transmit X Data，串口通信接口。发送数据端，需要连接其他设备的 RXD。
CLK	Clock 的简写，表示时钟。
SDA	Serial Data，IIC 总线的数据信号线。
SCL	Serial Clock，IIC 总线的时钟信号线。
XTAL	External Crystal Oscillator，外部晶振。单片机或芯片外接晶振的引脚。
ADC	Analog to Digital Converter，模拟量转数字量的转换器，也称模数转换器。
INT	Interrupt，外部中断连接引脚。

2.4.14 印制电路板 PCB

PCB（printed circuit board）中文名称为印制电路板，是通过电路绘制软件设计，并交给工厂制作的电路板（图 2-83）。一般我们根据电路层数对 PCB 进行描述，比如单层板、双层板和多层板。零件集中在电路板的一面，导线排布在另一面的 PCB 称为单层板；在正反两面都有布线的 PCB 称为双层板。

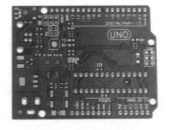

图 2-83　Arduino UNO 的 PCB

读者在掌握一定电路基础之后，可以使用计算机绘制 PCB，并交给工厂进行打样生产。

2.4.15　丝印

我们这里介绍的丝印，是指电路板上印制的文字、符号等。丝印在 PCB 上一般用于注释说明或标注元器件安装方向。我们在电路板上看到的"VCC""GND"等都是丝印。

2.4.16　脉冲

脉冲（pulse）是用脉搏形象地形容电信号。脉搏具有起伏和间歇的特点，脉冲信号指的是有间隔性的数字信号。

脉冲信号在一个周期内高电平持续的时间就是脉冲宽度，简称脉宽，进而引出占空比的概念，脉宽占整个周期的比例就是占空比。如图 2-84 所示，T_1 就是脉宽，占空比就是 T_1 / T。

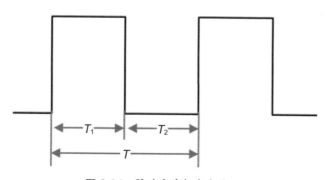

图 2-84　脉冲宽度与占空比

2.4.17　封装

封装是把集成电路包装成为芯片的过程，集成电路需要有起保护作用的外壳和引出的引脚，集成电路封装后才能应用到电路中。

平时说的封装一般指封装形式。常见的封装形式有双列直插式封装 DIP、小外形封装 SOP、缩小型小外形封装 SSOP 和四侧引脚扁平封装 QFP 等。

DIP 是 dual inline-pin package 的缩写，中文为双列直插式封装。双列直插式封装的芯片，其引脚间距与我们平时使用的洞洞板焊盘间距是一样的，都是 2.64mm，所以使用时可以直接将芯片插在洞洞板上进行焊接。双列直插式封装有 8 引脚、14 引脚、16 引脚、18 引脚、20 引脚、24 引脚和 28 引脚几种形式，相同封装形式的芯片，大小尺寸都是一样的。双列直插式封装的芯片，都有可以配套使用的芯片座，你可以选择焊接芯片座，而不是直接把芯片焊接在电路中。如果要把插在芯片座上的芯片卸下，可以使用专用的芯片起拔器，也可以使用工具把芯片轻轻翘起，要注意两边拔起高度不能差太多，否则芯片的引脚会倾斜。

图 2-85　DIP 封装

图 2-85 是经典的 51 系列单片机，由宏晶公司生产的 STC89C52。

SOP 是 small out-line package 的缩写，中文意思是小外形封装。SOP 封装的芯片，相邻引脚的间距是 1.27mm，是不能直接在洞洞板上焊接的，我们需要用 SOP 转 DIP 的转接板，如图 2-86 所示。对于其他非 DIP 的封装，如果想要焊接在洞洞板上，也都需要用到转接板。图 2-87 所示是 USB 转串口的芯片 CH340。

图 2-86　SOP 与 SSOP 转 DIP 的转接板

图 2-87　SOP 封装

SSOP（shrink small-outline package）封装是比 SOP 更小型的封装形式，相邻引脚的间距是 0.65mm。

QFP（quad flat package）封装中文意思是四侧引脚扁平封装。Arduino Nano 的主芯片就是使用 QFP-32 的封装形式。如图 2-88 所示。

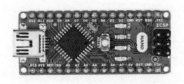

图 2-88　QFP 封装 Arduino Nano

2.5 传感器

传感器是能够把物理信号转换为电信号的器件或装置，其中物理信号指的是温湿度、光照强度、声音大小、气体浓度等环境信息，电信号就是控制器或者其他检测电路可以直接读取的电压或电流信号。机器人是通过传感器来获取自身与周围环境信息的。用来检测机器人本体状态（如机身朝向，手臂抬起角度）的传感器，称为内部传感器；用来检测机器人所处环境（如前方是否有障碍，房间是否开着灯）的传感器，称为外部传感器。

在平时的学习和使用中，最常见的传感器是三线制传感器，其中有两根线是传感器的供电线（VCC、GND），分别连接电源的正极与负极，另外一根线就是传感器输出数据的信号线。根据返回值类型可以将三线制传感器分为两大类：数字量传感器和模拟量传感器。

为了便于理解数字量与模拟量，我们想象一个控制小灯亮灭的电路，如图 2-89 所示。在第一种情况下，小灯直接与电池相连。如果电池与小灯正确连接，小灯两端就会被点亮；如果断开小灯与电池的连接，小灯就会灭掉。在这种情况下小灯只有亮和灭两种状态，此时小灯的状态就是一组数字量。数字量也叫开关量，有且仅有两种相对立的状态，如开和关、有和无、亮和灭。在电路中，与电源正极一样或近似的电压，通常称为"高电压"也称"高电平"；与电源负极一样或近似的电压，通常称为"低电压"也称"低电平"。这两种电压就是数字量传感器发送给控制器的两种电信号了。

图 2-89 小灯亮灭的控制

在第二种情况下，电路中增加了一个旋钮，小灯的明亮程度受到这个旋钮的调节，如图 2-90 所示。在这种情况下，小灯的状态就不只有亮和灭两种了，而是包含了从"完全灭掉"至"达到最亮"之间的每一种亮度。这时小灯的状态就是模拟量了。我们再回到数字量和模拟量传感器，如果一个传感器信号线输出的数据只有两种状态，那么它就是一个数字量传感器；如果它的信号线输出的是连续的数据，那么它就是一个模拟量传感器。

图 2-90 小灯亮度的控制

下面我们来进行一组练习加深对数字量和模拟量的理解：

1 可以判断前方有没有人活动的人体红外传感器。

（数字量）

2 可以检测环境光照强度的光敏传感器。　　　　　　　　（模拟量）

3 可以检测有无声音发出的声音传感器。　　　　　　　　（数字量）

4 可以识别黑线与白线两种状态的循迹传感器。　　　　　（数字量）

5 可以获取降雨量大小的雨滴传感器。　　　　　　　　　（模拟量）

　　除了常见的三线制传感器，还有一些通信方式较复杂的传感器，这些传感器通常可以获取多种类型的数据。比如可以获取温度与湿度信息的 DHT11 传感器，它使用的是单总线的串行通信；可以获取 XYZ 三个轴各自加速度与角速度的 MPU6050 陀螺仪，它使用的是 IIC 通信协议。现在我们对传感器已经有了一个大致的认识，下面我们来对各种传感器进行详细的介绍，并分析它们在实际应用和比赛场景中的使用。

2.5.1　红外巡线传感器

　　红外巡线传感器主要由一个红外发射器和一个红外接收器组成，如图 2-91 所示。发射器发射的红外线呈一个锥体，到达被检测物体时被反射回来，接收器接收并检测返回的红外线强度。白线对光线的反射性能好，反射到接收器的红外线强度就高；而黑线正相反，它对光线的吸收性能好，接收器检测到的红外线强度就很低。

　　大部分红外巡线传感器是数字量传感器，工作时信号线输出高电平或者低电平。有的巡线传感器上面加有一个旋钮，这个旋钮是一个可调电阻也就是电位器。通过调节这个旋钮，可以控制传感器的灵敏度。

图 2-91　红外巡线传感器

　　红外线不属于可见光，人的眼睛是看不到红外线的。如果想要观察传感器发出的红外线，可以使用摄像机或者手机摄像头，但是有的手机摄像头增加了红外滤镜是看不到红外线的。掌握了观察红外线的方法，我们再来讲一些比赛中使用巡线传感器的技巧。

　　1 红外巡线传感器与地面的安装距离需要注意，安装过高或者过低都会降低传感器的精度。制造商会提供传感器的参数，安装高度要参考官方的推荐范围。以乐高 EV3 巡线传感器（图 2-92）为例，官方推荐的安装高度为 0.5～1.5 个乐高标准

图 2-92　EV3 红外巡线
传感器

距离。

❷ 两个相邻的红外巡线传感器，如果它们投射在地面上的红外线有重合和交叉，会使两个传感器得到的数据跟实际有偏差。

乐高 EV3 机器人的巡线功能被集成到了颜色传感器中，使用者会发现可以看到传感器发出的红光。这是因为 EV3 的巡线传感器发射出的光线并不是红外线，而是普通的红光，但它的检测原理与红外巡线传感器是相同的。

2.5.2　超声波传感器

超声波传感器在机器人和工业中使用非常广泛，例如机器人防撞、倒车雷达、液位测量、距离报警等。超声波是频率很高的声音，超过了人类耳朵可以听到的频率上限（20kHz），具有良好的方向性。

超声波传感器也有一个发射器和一个接收器，它的工作原理是：超声波发射器向前方发射超声波信号，在发射的同时开始进行计时，超声波通过空气进行传播，传播途中遇到障碍物就会立即反射回来，超声波接收器在收到反射波的时刻就立即停止计时。在常温下，超声波在干燥空气中的传播速度是 340m／s，计时器通过记录时间 t，就可以计算出从传感器到障碍物之间的距离（s），即：$s = 340 \times t／2$。这种测量方法也叫 SONAR（声呐，即声音导航或测距）。这种方法也用于潜艇中，通过声呐检测其他舰艇或暗礁的位置。蝙蝠测算自身与猎物之间的距离也是这个原理。

常见的超声波传感器有以下几种工作模式。

❶ 三线制的超声波传感器：距离信息以模拟量的形式输出。

❷ 四线制的超声波传感器（图 2-93）：首先给 Trig 引脚一个触发信号，告诉传感器开始工作；传感器接收到触发信号以后，发射器开始发射超声波并开始计时，接收器收到回波信号之后，得到了距离信息并通过 Echo 口输出。然后传感器等待下一个触发信号，准备再次开始工作。

图 2-93　四线制超声波传感器

3 串行接口的超声波传感器：串行的意思就是，在一根数据线上，把数据一位一位地依次传输，每一位数据要占据一个固定的时间长度。这里的每一位数据还是我们之前介绍过的"高电压"与"低电压"，在数字电路逻辑中，1 用来代表高电压（高电平），0 代表低电压（低电平），如图 2-94 所示。超声波传感器获得的精确的距离信息，会通过这种串行的方式发送给控制器。

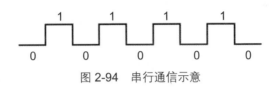

图 2-94　串行通信示意

超声波传感器的使用又有哪些需要注意的呢？

1 体积较大的物体，可以让传感器在更远的位置检测到。

2 理想的被检测物体应当有比较大的体积，表面平整，并且正对传感器。体积小并且由吸声材料制成的物体，被检测到的难度就很大了。

3 超声波传感器在工作中如果发生了振动，会使误差变大。

2.5.3　光敏传感器

光敏传感器的电路原理和使用都比较简单。我们在本章电路部分将会介绍如何使用光敏电阻来自制光敏传感器。

光敏传感器的输出可以是数字量也可以是模拟量。当以数字量形式输出时，表示环境中的光强超过或低于某个值；当以模拟量输出时，表示传感器检测到环境中的光线强度。

如图 2-95 所示，常见的光敏传感器有两种形式：一种使用了光敏电阻，光敏电阻具有在光照下电阻值迅速减小的特性；另一种使用光敏二极管，光敏二极管在光照条件下会产生电流，光照强度越高产生的电流越大。

图 2-95　光敏电阻与光敏二极管

2.5.4 声音传感器

图 2-96　声音传感器

声音传感器的核心元件是一个话筒（麦克），通过话筒拾取附近的声音。话筒的质量对声音获取的影响很大，所以要尽可能选用优质的话筒。声音传感器一般以数字量作为输出，表示周围环境有无声音。

声音传感器使用时要尽量远离电机等设备，因为这些设备在工作过程中会产生较大的声音，影响传感器检测。

如图 2-96 所示的声音传感器是一个典型的三线制传感器，"5V"表示传感器模块的工作电压是 5V，需要连接 5V 电源的正极。在有些模块上，"5V"这根线的标注为"VCC"。因为我们平时使用的传感器模块都没有对工作电压进行专门的标注（如"12V"），这些模块默认的工作电压都是 5V，所以模块的"5V"或"VCC"端都要连接 5V 电源的正极。在电路的连接中，GND 需要连接电源的负极。除了两根用来给模块供电的端口外，剩余的一根"OUT"就是传感器模块的输出端了，传感器检测到的信息就是通过这个端口发送给控制器的。

2.5.5 碰撞开关和按键

碰撞开关和按键是典型的数字量传感器。按键按下前，电路处于断开的状态，输出端与电源正极电压一致，输出高电平；按键按下后，输出端与电源负极电压一致，输出低电平。电路中放置了一个电阻值为 10kΩ 的电阻，如果没有这个电阻，按键按下后电源的正极和负极将直接连接，电池短接会发热损坏，电阻在这里起到了保护电路的作用（图 2-97）。

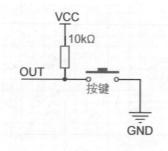

图 2-97　使用 Altium Designer 绘制的原理图

按键可以用来制作机器人的开关或者遥控器，也可以设计在电路中直接控制小灯的亮灭。碰撞开关也具有按键相同的功能，但因为它的结构特性，更多地放置在机器人前端，用来检测机器人是否撞上障碍物。碰撞开关的最前端是一个接触头，顶上障碍物之后会将按键压下，这种结构是典型的杠杆原理的应用，碰撞开关金属片的长度越长，就越容易将按键按下。碰撞开关和按键模块如图 2-98 所示。

图 2-98　碰撞开关与按键模块

2.5.6　火焰传感器

火焰传感器是机器人专门用来搜寻火源的传感器。火焰传感器可以检测火焰，然后把火焰的亮度转化为高低对应的电平信号，并传输给控制器，控制器可以根据信号的变化控制机器人的喷水装置或者选择避开火焰。细心的读者可能会发现，火焰传感器的接收头和巡线传感器的红外接收管很相似，其实火焰传感器的接收头也是一种红外接收管，两种红外接收管的区别在于检测的波长范围不一样，如图 2-99 所示。

图 2-99　火焰传感器与巡线传感器

火焰传感器可以测量的角度范围约为 60°，火焰越大检测效果越好。使用火焰传感器的时候一定要注意安全，首先保证环境中的易燃物品远离火源，然后使用者应当注意自己和机器人不要接触火焰。

2.5.7　人体红外传感器

人体红外传感器也叫热释电红外传感器，是一种能检测人或动物发射的红外线从而输出电信号的传感器。热释电效应是晶体材料随温度改变而表现出的电荷释放现象，宏观上来看就是，温度的改变使材料的两端出现电压或产生电流，热释电效应是晶体的一种自然物理效应。早在 1938 年，就有人提出利用热释电效应探测红外辐射，但并未受到重视，直到 20 世纪 60 年代随着激光与红外技术的迅速发展，才又推动了热释电效应的研究与具有热释电效应的晶体的应用。热释电晶体已广泛应用于红外光谱仪、红外遥感以及热辐射探测器，也在很多自动化装置中使用，比如楼道与教室的自动照明，仓库的防盗报警等。

如图 2-100 所示，人体红外传感器上面有一个塑料外壳，这是一个光学器件叫做菲涅尔透镜，拔下透镜就可以看到里面的热释电探头了。菲涅尔透镜是由法国物理学家奥古斯汀·菲涅尔发明的，根据史密森学会的描述，1823 年，第一枚菲涅尔透镜被用在了吉伦特河口的哥杜昂灯塔上，透过它发射的光线可以在 20 英里（约 32km）以外看到。菲涅尔透镜使用在人体红外传感器中有两个作用：一是聚焦，把红外信号折射到热释电探头上；二是将传感器的探测区域分为若干个"灵敏区"和"盲区"，当有人从传感器前走过时，不断的交替经过透镜的"灵敏区"和"盲区"，这时传感器就会接收到强弱交替的红外线信号，传感器就知道前方有人经过。

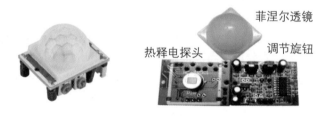

菲涅尔透镜

热释电探头　调节旋钮

图 2-100　人体红外传感器

人体红外传感器使用时需要注意哪些事情呢？

1 传感器的灵敏程度与人的运动方向有很大关系。传感器对于迎面走来（或远离）的人，检测灵敏度较低；对于在传感器前方进行左右运动的人体，检测灵敏度较高。

2 人体进入检测区后如果静止不动，则温度没有变化，传感器也就检测不到人体。所以教室的自动照明中使用人体红外传感器并不是一个聪明的选择。

3 人体红外传感器上有两个可以调节的旋钮，它们的功能分别是调节感应距离与延时，延时就是传感器每次感应到人体后，在延时时间内不接收任何感应信号。

4 传感器在上电以后，有 1 min 的初始化时间。

5 菲涅尔透镜不能使用有机溶剂擦拭，如酒精。

2.5.8 温湿度传感器

温湿度传感器（图 2-101）中使用了 DHT11，这是一款数字信号输出的温湿度复合传感器（但并不是一个数字量传感器）。传感器包括一个电阻式感湿元件和一个 NTC（negative temperature coefficient，是指随温度上升电阻呈指数关系减小、具有负温度系数的热敏电阻现象和材料）测温元件，并与一个高性能处理器相连接。DHT11 具有响应速度快、抗干扰能力强、性价比高等优点，DHT11 的接线方式如图 2-102 所示。

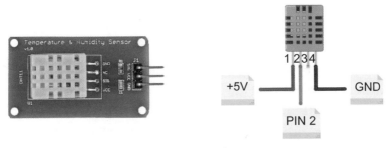

图 2-101　DHT11 温湿度传感器　　　　图 2-102　DHT11 的接线方式

前面提到温湿度传感器是一款数字信号输出的传感器，但并不是数字量传感器，这是什么意思呢？DHT11 发送的也是高电平和低电平，但是单个的高低电平并没有直接含义，一组高低电平组合起来的数据才有意义。所以虽然温湿度传感器发送的是数字信号，但并不是数字量传感器，这种通信方式就是我们在超声波传感器中提到的串行通信。下面我们来看一看每组数据中，到底包含了哪些信息：

❶ 每组数据由 40 个 0 或 1 组成。

❷ 如表 2-1 所示，其中前 8 位数据是湿度数据的整数部分，接下来 8 位数据是湿度数据的小数部分；后面 8 位数据是温度数据的整数部分，然后 8 位是温度数据的小数部分；最后 8 位是数据的校验和，DHT11 的校验方式为前 4 个部分数据累加，得到的结果保留低 8 位（因为可能有进位）。校验和是用来验证数据是否接收正确的，如果控制器接收到的数据与校验和不匹配，那么数据就是无效的。

表 2-1　DHT11 的串行数据格式

湿度		温度		校验和
整数部分	小数部分	整数部分	小数部分	
8 位	8 位	8 位	8 位	8 位

2.5.9 气体检测传感器

图 2-103　MQ-9 气体
检测传感器

MQ 系列传感器是一种较常见的气体检测传感器。如图 2-103 所示，这类传感器的敏感材料是活性很高的金属氧化物半导体。传感器的检测原理是气体在传感器表面的化学吸附、反应与脱附。气体检测传感器都有一个特殊的外壳，外壳主要有两个功能：促进对流，提高传感器的灵敏度与响应速度；散热，使检测器中其他元件产生的热量对传感器的影响最小化。

传感器放入被检测气体中，其电阻会急剧下降，等待数据稳定后，再将其置在洁净的空气中，传感器的电阻会在很短的时间里恢复到它的初始值。

传感器不通电存放后，再在空气中通电，无论环境中是否有被检测气体，在最初几秒中其阻值都会急剧下降。环境的温度和湿度也会对传感器灵敏度产生影响，温度越高化学反应速度越快，传感器的敏感度越高。如果环境中湿度较高，水蒸气会吸附在传感器表面，将会造成敏感材料阻值的降低。

气体检测传感器的输出形式既包括数字量也有模拟量，使用时根据需要进行选择即可。MQ 系列传感器包含了很多种气体检测的模块：

MQ-2 传感器	可燃气体检测
MQ-3 传感器	酒精气体检测
MQ-4 传感器	甲烷、天然气检测
MQ-5 传感器	甲烷、煤气、液化气检测
MQ-6 传感器	丙烷、丁烷、液化气检测
MQ-7 传感器	一氧化碳检测
MQ-8 传感器	氢气检测
MQ-9 传感器	一氧化碳、可燃气体检测
MQ-135 传感器	空气质量、有害气体检测

2.5.10 触摸传感器

图 2-104　触摸传感器

触摸传感器（图 2-104）在生活中十分常见，如家用电器和餐厅电磁炉。触摸传感器在电路板上构建了一个电容器，当手指触碰电容器或者十分靠近电容器时，电容值会发生变化，传感器信号线输出的电平也就发生了变化。

触摸传感器是典型的数字量传感器，经常用作开关，所以也叫触摸开关。一般的触摸传感器背面也具有检测效果，所以手持触摸传感器时，要用手指夹住电路板两侧边缘。

2.5.11 倾斜传感器

我们这里介绍的倾斜传感器是数字量传感器，它只能测量传感器是否倾斜，不能获取具体的倾斜角度。如图 2-105 所示，这个传感器使用了一个钢球开关，当模块倾斜时，钢球由于重力的作用向低处滚动，从而使开关闭合或断开。钢球开关也是数字量传感器，功能与水银开关十分相似，但因为水银有毒性，使用的安全性不如钢球。

图 2-105　倾斜传感器

2.5.12 磁性传感器

磁性传感器（图 2-106）可以检测磁场及其变化，可在各种与磁场相关的场合中使用。磁性传感器是根据霍尔效应通过半导体技术制成的一种磁控元件，霍尔效应是美国物理学家霍尔发现的，当电流垂直于外部磁场通过导体时，导体两端会产生电压。

基于霍尔效应的磁性传感器，可以用来对磁性材料（磁铁）进行探测，对磁铁的极性没有要求，检测范围在 3cm 左右。

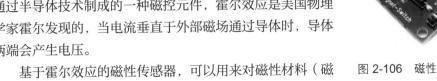

图 2-106　磁性传感器

2.5.13 土壤湿度传感器和水蒸气传感器

土壤湿度传感器与水蒸气传感器（图 2-107）都有一块感应水分的区域，不同的是土壤湿度传感器做成细长带尖的形状，便于深入土壤进行测量；水蒸气传感器的感应区有许多平行线和小孔，更容易吸附水蒸气。吸附的水分可以减少感应区的电阻，这两种传感器都是根据这个原理设计的。

图 2-107　土壤湿度传感器与水蒸气传感器

2.5.14　压力传感器

图 2-108　应变片

压力传感器有一种是柱状金属的称重传感器，但应用范围更广泛的是应变片（图 2-108）。将应变片贴在被测定物上，应变片的薄膜区域上承受的压力越大，输出电阻越小。应用这个原理，通过电阻的变化测定传感器所受的压力。一般应变片的敏感区域使用的是铜铬合金，其电阻变化率为常数，与应变成正比例关系。

应变片可应用于双足机器人与蜘蛛机器人的足部，通过检测足部的受力，检测机器人重心的偏移。应变片也可以放置在机器人的手爪上，用来检测是否夹持着物品。

2.5.15　颜色传感器

在介绍颜色传感器之前，我们先了解一下 RGB 色彩模式。我们人类视觉所能感知的几乎所有颜色，都可以通过红（R）、绿（G）、蓝（B）三种光的混合叠加来得到，如黄色是由正红色和正绿色混合而成的。电脑屏幕上的所有颜色，也都是由红绿蓝三种光按照不同的比例混合而成的，RGB 色彩模式是目前运用最广的颜色系统之一。

随着现代工业生产向高速化、自动化方向的发展，生产过程中长期以来由人眼起主导作用的颜色识别工作将越来越多地被相应的颜色识别传感器所替代。例如工业传送带上对不同颜色包装的货品进行分类。

目前的颜色传感器通常是在独立的光电二极管上覆盖经过修正的红、绿、蓝滤光片，然后对输出信号进行相应的处理而成。美国 TAOS（Texas Advanced Optoelectronic Solutions）公司生产的 TCS230 可编程颜色传感器（图 2-109），有较广泛的应用。TCS230 集成了 64 个光电二极管，其中 16 个光电二极管带有红色滤波器，16 个带有绿色滤波器，16 个带有蓝色滤波器，其余 16 个光电二极管不带有任何滤波器，可以透过全部的光信息。这些光电二极管在芯片内是交叉排列的，能够最大限度地减少入射光的不均匀性，从而增加识别的精确性。

图 2-109　TCS230 颜色传感器

编程控制时，可以通过对 S0 和 S1 引脚高低电平的控制输出频率，通过 S2 和 S3 引脚对滤波器进行选择。图 2-110 是来自 TAOS 官方提供的 TCS230 数据手册的一部分截图，该表格描述了 TCS230 的控制方式，其中 L 表示低电平，H 表示高电平。以第一横行为例，"L L Power down"的含义为：当 S0 为低电平、S1 为低电平时，设备断电不工作；"L L Red"的含义为：当 S2 为低电平、S3 为低电平时，红色光电二极管工作。S0、S1、S2、S3 这四个引脚的高低电平，是通过所连接的控制器进行控制的。

Table 1. Selectable Options

S0	S1	OUTPUT FREQUENCY SCALING (f₀)		S2	S3	PHOTODIODE TYPE
L	L	Power down		L	L	Red
L	H	2%		L	H	Blue
H	L	20%		H	L	Clear (no filter)
H	H	100%		H	H	Green

图 2-110　TCS230 数据手册截图——编程控制方式

2.5.16　电子罗盘

罗盘是人类发明的辅助导航设备，它可以指向地球的磁北极，知道北向之后就可以确定其他方位了。电子罗盘（图 2-111）的功能是确定方位，主芯片使用的是 HMC5883L，HMC5883L 的精度在 $1° \sim 2°$，使用 IIC 通信协议进行数据传输。

图 2-111　电子罗盘

IIC（inter-integrated circuit）表示集成电路总线，这种总线类型是由飞利浦半导体公司在 20 世纪 80 年代初设计出来的两线制、同步串行总线。在 IIC 总线下，允许一个控制器控制多个 IIC 设备，这些设备全部接在相同的两根线上，但是这些设备的 IIC 地址都不相同，控制器需要根据设备的地址进行数据访问。IIC 的这两根线分别是 SDA 与 SCL。SDA 串行数据线（serial data）是数据线，用来进行数据的双向传输；SCL 串行时钟线（serial clock）是时钟线，在 IIC 通信中，数据的接收和发送都受到时钟线的控制。

这些关于 IIC 的内容猛一看好像不太容易理解，我们来把它列出来进行说明。

❶ 在电路中，IIC 总线只需要 SDA 和 SCL 两根线，所有设备都连接在这两根线上。

❷ 每一个 IIC 设备都有自己单独的地址，控制器每次从 IIC 设备获取数据前，会像打电话一样先访问设备的地址。

那么控制器与 IIC 设备之间的通信到底是如何完成的呢？如图 2-112 所示为 IIC

通信时序图。

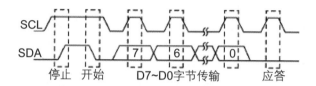

图 2-112　IIC 通信时序图

第一步：控制器发送起始信号。

SCL 与 SDA 都处于空闲状态，即都为高电平时。SCL 保持高电平，SDA 由高电平变为低电平，代表起始信号。起始信号发送之后，总线进入被占用的状态。

第二步：控制器发送地址位，进行寻址。

主机发送 8 位数据，其中前 7 位代表地址，最后一位表示读写，"0"表示控制器向设备写数据，"1"表示控制器从设备读取数据。HMC5883L 的 IIC 地址为 0x1E（16 进制），它对应的读写地址为 0x3D 与 0x3C。IIC 地址与读写地址的计算，我们放在陀螺仪中进行讲解。

第三步：接收方应答。

接收端将 SDA 拉至低电平，给发送端一个应答信号，表示接收完成。每次传输一字节的数据，即 8 个 "0" "1" 信号后，接收端会进行一次应答。

第四步：控制器发送数据位。

数据传输时，只有当 SCL 在低电平时，SDA 才允许发送数据。在 SCL 处于高电平时，SDA 上的电平不能发生变化。

第五步：接收方应答。

接收端将 SDA 拉至低电平，给发送端一个应答信号，表示接收完成。控制器再次传输了一字节的数据，即 8 个 "0" "1" 信号，接收端会进行一次应答。

第六步：控制器发送终止信号。

SCL 在高电平的状态，SDA 从低电平变为高电平，代表终止信号。

2.5.17　陀螺仪

常见的陀螺仪模块（图 2-113）所使用的电子元件为 MPU6050，其内部包含陀螺仪传感器与加速度传感器。陀螺仪是一种用来感测并维持方向的装置，因为其工作原理和高速转动的陀螺一样，所以叫做陀螺仪。现代的陀螺仪可以精确地获得运动物体的方位，在航空航天、航海中使用非常

图 2-113　陀螺仪模块

广泛。通过陀螺仪可以获取机器人的角速度。通过角速度确定机器人姿态的方式，可以获得短时间内精度很高的角度变化，但长时间累计计算的话，得到的角度误差很大。加速度传感器可以测量地球引力作用或者物体运动所产生的加速度，传感器在加速的过程中，内部元器件检测受力作用，并根据牛顿第二定律得到加速度值。

手机中也有陀螺仪模块的应用，包括赛车游戏中测量手机倾斜、摄像头拍照防抖等。当然陀螺仪传感器在机器人和创意设计中的应用也十分广泛，比如平衡车、空中鼠标、四旋翼、机器人自主定位等。

陀螺仪的数据传输也使用了 IIC 总线。在 IIC 通信中，控制器发送起始信号之后，需要发送 7 位的 IIC 设备地址加 1 个读写位，也就是"7 位地址 + 1 位读写位"。MPU6050 的默认 IIC 地址为 0x68，转换为二进制的 7 位地址就是"110 1000"；因为 MPU6050 获得了很多种数据，并且储存在了一种叫做寄存器的容器里面，所以控制器首先要告诉 MPU6050 需要读取哪个寄存器中的数据，也就是说在这里控制器要对 MPU6050 进行写操作，读写位也就是"0"了，所以在这里起始信号之后的第一组数据内容就确定了——"1101 0000"。MPU6050 现在知道控制器需要哪个寄存器的数据了，这时应该控制器读取 MPU6050 发送的数据了，所以控制器要发送"7 位地址 + 1 位读操作"，也就是"1101 0001"，到这里控制器就读取到需要的数据了。

如图 2-114 所示的截图来自 MPU6050 的数据手册，介绍了 MPU6050 读写数据的 IIC 时序和英文简写的说明。

Single-Byte Read Sequence

Master	S	AD+W		RA		S	AD+R			NACK	P
Slave			ACK		ACK			ACK	DATA		

Burst Read Sequence

Master	S	AD+W		RA		S	AD+R		ACK		NACK	P
Slave			ACK		ACK			ACK	DATA		DATA		

9.4 I²C Terms

Signal	Description
S	Start Condition: SDA goes from high to low while SCL is high
AD	Slave I²C address
W	Write bit (0)
R	Read bit (1)
ACK	Acknowledge: SDA line is low while the SCL line is high at the 9th clock cycle
NACK	Not-Acknowledge: SDA line stays high at the 9th clock cycle
RA	MPU-60X0 internal register address
DATA	Transmit or received data
P	Stop condition: SDA going from low to high while SCL is high

图 2-114 MPU6050 数据手册截图——IIC 通信

2.6 认识电子元器件

在前面传感器部分，我们已经学习了一些电路知识，但如果想要制作更多有趣的项目或者掌握维修机器人能力的话，电路知识是非常重要的。在下面这部分内容，我们将介绍常用的电子元器件，也会介绍一些电路搭建时常用的材料，比如面包板、杜邦线等。

2.6.1 发光二极管

发光二极管有一个更常见的名字叫做 LED。发光二极管可以把电能转换为光能，同时也具有二极管的单向导电特性（只允许正向施加电压，反向通电会烧坏器件）。LED 使用不同的半导体材料可以发出不同颜色的光，常见的有红色、绿色、蓝色、白色等。

判断 LED 的正负极十分简单，下面是几种常用的方式：

1 管脚较长的是正极，较短的是负极。

2 灯珠里面金属片较小的是正极，较大的是负极。

3 灯珠的外壳在负极这面是平的。

4 可以使用万用表的二极管挡进行测量，红黑探针分别连接二极管的两个引脚，如果二极管亮起，在万用表上有示数，则红探针连接到的是正极；如果小灯不亮，万用表没有示数，则黑探针连接到的是正极。注意：有些万用表的二极管挡，驱动能力不足，无法使用此方法测量 LED。

使用电源点亮 LED 时，要注意在电路中串联电阻进行保护。一般的电源输出电流都大于 LED 正常发光时的最大电流（20mA），如果直接将 LED 与电池连接，LED 会被损坏。那么我们应该在电路中选择阻值多大的电阻呢？假设使用的是 5V 电源和红色 LED（图 2-115），LED 工作时的额定电流为 20mA。在这里需要引入一个新的概念"压降"，压降就是电流通过设备前后相差的电压数值。直插的红色 LED 的压降为 2.0～2.2V。根据计算公式 $R = U / I$ 得到等式：$R = (5V – 2V) / 20mA = 3V / 0.02A = 150\Omega$。经过计算，电路中应该串联一个 150Ω 的电阻。我们再来巩固一下，计算一下绿色 LED 所需的电阻。绿色 LED 的压降为 3.0～3.2V，运用公式 $R = (5V – 3V) / 20mA = 2V / 0.02A = 100\Omega$，绿色 LED 在 5V 电源的供电下，应该串联一个 100Ω 的电阻。

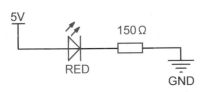

图 2-115　红色 LED 电路图

发光二极管的电路符号如图 2-116 所示，三角形这边为 LED 的正极，另一边是 LED 的负极。LED 正极与负极如图 2-117 所示。

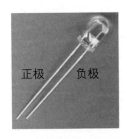

图 2-116　LED 的电路符号　　　图 2-117　LED 正极与负极

2.6.2　二极管

二极管顾名思义就是有两个电极的装置，即正极和负极，是最常用的电子元件之一，发光二极管也属于二极管的一种。二极管最大的特点是单向导电性，也就是电流只可以从二极管的一个方向流过。二极管是区分正负极的，在电路中不能接反，如果在二极管上施加的反向电压大于某一数值，二极管将会被击穿损坏。

二极管有很多种类，根据半导体制造材料可以分为硅二极管和锗二极管。硅二极管的正向导通压降为 0.7V，锗二极管的正向导通压降为 0.3V。从功能上来讲，二极管又有整流二极管、稳压二极管、发光二极管等。普通二极管的电路符号如图 2-118 所示。

图 2-118　普通二极管的电路符号

2.6.3 电阻

图 2-119 电阻

电阻（图 2-119）具有限制电流的作用，通过电阻的电流与电阻两端的电压成正比。电流经过电阻会产生热量，产生一定的能耗。电阻是没有极性的，电阻的两个引脚没有正反之分。

电阻在电路中的作用是限流、分压与分流。电阻串联时，阻值等于这些电阻值相加；电阻并联时，新电阻值与各个电阻的关系为 $1/R_新 = 1/R_1 + 1/R_2 + \cdots$。如果在使用的时候发现没有合适阻值的电阻，可以根据手边已有的电阻通过串并联进行替代。注意：如果功率较大，需要先计算是否超过电阻的额定功率。

电阻的阻值大小可以根据电阻上印制的色环来进行计算，色环电阻有 4 色环电阻和 5 色环电阻两种。这些色环中，有一个距离其他色环较远、间距较大的色环，用来表示电阻值误差率；其余的色环用于表示电阻值的大小，通过 10 种不同的颜色代表 0~9 这十个数字。

黑	0	棕	1
红	2	橙	3
黄	4	绿	5
蓝	6	紫	7
灰	8	白	9

4 色环误差率：金 5%；银 10%。

5 色环如果第四环为金或银，则乘数为金 0.1；银 0.01。

5 色环误差率：棕 1%；红 2%；橙 3%；金 5%；银 10%。

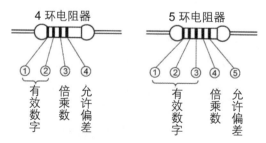

图 2-120 色环电阻计算示意图

如图 2-120 所示为色环电阻计算示意，4 色环电阻的前三个色环表示阻值，其中前两个色环分别代表一个数字的十位和个位；而第三环是乘数，第三环对应的是数值几，前两环得出的数字就要乘上 10 的多少次方；电阻的第四个色环表示误差率。我们来举一个例子，如果一个 4 色环电阻的色环分别为"黄 紫 红 金"，那么阻值就是 47×10^2，也就是 4.7kΩ，误差率为 5%。

对于 5 色环电阻，前四环用来表示电阻值，第四环为乘数，最后一环表示误差率。我们来看几个例子，如果 5 色环电阻上印有"棕 黑 黑 红 红"，那么电阻的阻值就是 $100 \times 10^2 = 10000$，也就是 10kΩ，误差率为 2%。如果电阻上印的是"棕 黑 黑 金 红"呢，金色并不代表 0~9 其中的数字，根据上面的参照表我们知道金色代表 0.1，这时电阻的阻值是 $100 \times 0.1 = 10$，也就是 10Ω，误差率为 2%。

电阻阻值的表示方法还有文字符号法，用数字和符号的组合来表示电阻值，误差率也使用字母表示。文字 R、K、M、G、T 表示电阻的单位，如果数字出现在字母前面，就是阻值的整数部分，如果数字在字母后面就是小数部分。例如 4K7 就是 4.7kΩ，3R3 就是 3.3Ω。

数码法也是一种常用的表示电阻值的方式，数码法使用三位数字表示，前两位是数值，第三位是乘数。例如"103"电阻的阻值是 10×10^3 即 10 kΩ。

平时使用中，我们也可以通过万用表的电阻挡获取电阻的阻值。电阻的电路符号如图 2-121 所示，两种表示都是可以的。

图 2-121　电阻的电路符号

2.6.4 电容

电容具有储存电荷的功能，可以进行充放电，是电路中的储能元件。它具有阻止直流电通过允许交流电通过的特性，用途十分广泛，例如耦合、滤波、谐振等。

电容的国际单位是 F（法拉），但是单位法拉太大，常用的电容单位是 μF（微法）和 pF（皮法），其关系是：$1F = 10^6 μF$，$1μF = 10^6 pF$。

电容有普通电容和电解电容的区分。普通电容没有极性，一般容量较小；电解电容有正负极的区分，一般容量较大，经常用于提高电路放电能力和电源滤波。电解电容在电路中如果接反的话，会使电容损坏甚至爆炸。普通电容和电解电容的电路符号如图 2-122 所示。

图 2-122　电容的电路符号

图 2-123　电解电容

电解电容灰色线这边是负极，另一边是正极；引脚较长的一段是正极，较短的一段是负极。上面标识的电压值是电容的最大耐压，电容值就是电容的容量了。电容值的标识方法有直接标明的，如图 2-123 所示。也有用数码法的，和电阻的计算方法一样，例如标有"104p"的电容，即 $10 \times 10^4 \text{pF}$，也就是 $0.1 \mu\text{F}$。

2.6.5　电感

电感是将电能转换为磁能并储存起来的元器件。电感具有一个绕组，在电路接通时会阻碍电流的通过；在电路断开时，它会试图维持电流。也就是说电路中电流增大时，电感会阻碍电流增加，电流减小时会阻碍电流的减小。电感的单位是 H（亨利），以美国科学家约瑟夫·亨利的名字命名。电感在电路中的基本作用是滤波、振荡、延迟，电感可以通过直流电，对交流电起阻碍通过的作用。

电感的两个引脚没有正负之分，但是电感通电方向不一样会导致产生的磁场方向不一样，所以有的电感两根引脚是不一样长的。电感及其电路符号如图 2-124 所示。

图 2-124　电感及其电路符号

2.6.6　三极管

三极管是一种控制电流的器件，起到电流放大的作用，即使用小电流控制大电流。三极管的三极分别是基极（B）、发射极（E）和集电极（C），其中基极是用来控制三极管导通与断开的。三极管根据内部构造的不同可以分为 NPN 与 PNP 两种，P 是正极的简写，N 是负极的简写。NPN 型三极管在基极有触发信号时，大电流从集电极流向发射极；PNP 型三极管在基极有触发信号时，大电流从发射极流向集电极。

三极管常用于放大电路中，用来控制那些功率较大的器件比如电机，电路中的能量不是凭空产生的，放大电路中需要一个电源来提供负载所需的电能。三极管在电路中的作用像是一个水龙头，水龙头只需要很小的力气打开和关闭，但是可以控制强大的水流。同样的，给三极管一个很小的信号就可以控制电源的大电流。三极管电路符号如图 2-125 所示。

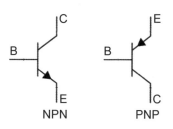

NPN   PNP

图 2-125   三极管电路符号

2.6.7 场效应管

场效应管（field effect transistor，FET）也有三个电极，分别是栅极、漏极和源极。场效应管是电压控制元件，在电路中起到放大驱动的作用，通过控制栅极电压来控制漏极电流。

场效应管与三极管类似，也在电路中起到放大的作用，驱动功率较大的负载，区别是三极管是放大与开关功能依赖基极的电流来驱动，场效应管的放大与开关功能依赖栅极的电压来驱动。我们以场效应管 SI2302 在迷你四旋翼系统中的应用为例，了解场效应管的使用，如图 2-126 所示。迷你四旋翼系统主要包括：框架、螺旋桨、电源、传感器、遥控器、飞行控制器、电机和驱动。飞行器中使用的是转速很高、功率很大的电机，控制器输出的电流太小，不能直接驱动电机运转。场效应管 SI2302 的栅极连 20kΩ 电阻，连接控制器的控制引脚（I / O 口），源极连接电源负极，漏极连接电机的负极。SI2302 的栅极接收控制器的控制信号，然后控制电流通过，电机得到电源的能量就可以运转了。

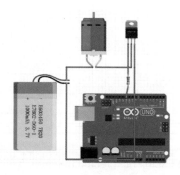

图 2-126   场效应管在迷你四旋翼系统中的应用

2.6.8 三端稳压器

三端稳压器是一种常见的电子元件，在各种控制器的供电电路中，都有三端稳压器的身影，常见的有 7805、1117 等。三端稳压器输入较高的直流电压，并以稳定的较低电压作为输出。三端稳压器有三个端口，分别是输入端、接地端和输出端。输入端 IN 连接电源的正极，接地端 GND 连接电源与负载的负极，输出端连接负载的正极。

图 2-127　三端
稳压器 7805

以三端稳压器在控制器供电电路中的应用为例介绍。控制器主芯片一般都工作在 5V 或 3.3V 的较低电压，但是一般电源的电压都比较高，如 9V、12V 等，这时候电路中就需要一个元件把高电压降至较低电压来给控制器芯片供电。三端稳压器就可以很好地解决这个问题。7805（图 2-127）和 1117-5 都是把较高电压转换为 5V 输出的三端稳压器，这里的较高电压是一个输入范围，7805 的输入范围是 7～35V，1117-5 的输入范围是 6～18V。如果输入电压过低，三端稳压器将不能正常输出；如果输入电压过高，器件会损坏。我们平时使用的控制器电路质量参差不齐，电路中元件的质量也不一定能够保证，所以给控制器连接电源时，尽量不要选择电压接近输入上限的电源。

2.6.9 晶振

晶振是晶体振荡器的简称，是用具有压电效应的石英晶体片制成的。晶振具有固定的振荡频率，用于各种电路中产生时钟脉冲。电子设备是没有时间这个概念的，而时钟电路提供稳定准确的振荡，让电路有一个规律、稳定的工作频率。我们可以这样理解，控制器会计算晶振的振荡次数，每次数到固定的次数就执行一个操作，这样控制器就有了一个稳定的工作状态了。

晶振的单位是 Hz，即每秒钟晶振振荡的次数，常见的有 16MHz、12MHz 等。Arduino 主控制芯片的时钟电路使用了 16MHz 的晶振（图 2-128）。此外，Arduino 的 USB 串口通信芯片也使用了晶振来提供时钟信号。晶振的电路符号如图 2-129 所示。

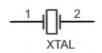

图 2-128　16MHz 晶振　　　　图 2-129　晶振的电路符号

2.6.10 电位器

电位器（图 2-130）就是一个可变电阻器，通过旋转或者滑动结构调节接触点的位置，从而改变电阻值。在电位器的两个固定点施加一个电压，通过改变触点的位置，可以得到与位置呈一定关系的电压。音响的音量调节、各种功率旋钮都使用了电位器。电位器电路符号如图 2-131 所示。

图 2-130　各种电位器　　　　　图 2-131　电位器的电路符号

2.6.11 熔断器

熔断器也称保险丝，当通过熔断器的电流超过规定值时，产生的热量会使熔断器熔断并将电路断开，起到保护电路的作用。有的熔断器是不可恢复的，当通过的电流过大将其熔断后，损坏不可恢复，需要更换熔断器电路才能正常工作。在控制器、计算机接口中应用更多的是自恢复保险丝，当电流过大时熔断器熔断，当电流恢复正常熔断器温度降低，可以自行恢复为正常状态，不需要对其更换。在 Arduino 控制器的电路中就有自恢复熔断器，如果 Arduino 的正极负极被短接，熔断器就会熔断对其他电子元件进行保护；当故障解除后，熔断器自行恢复。如图 2-132 所示为电池上应用的熔断器。

图 2-132　电池上应用的熔断器

2.6.12 电磁继电器

继电器的英文名称是 relay，是一种电控器件，控制器或者控制电路可以通过继电器控制直流或者交流设备。电磁继电器的内部有线圈和触点，常开型的继电器当线圈通电产生磁场时，会和触点吸附在一起将电路闭合；常闭型正好相反，不通电时线圈与触点闭合，通电后两者断开；此外还有一种转换型，由一个常闭触点和一个常开触点组

图 2-133　两路继电器

成，当线圈通电时，两个触点状态切换。因为电磁继电器是磁性吸合的，在闭合时会有清脆的闭合声。图 2-133 所示为一两路继电器。

2.6.13　扬声器

扬声器又称喇叭，是一种将电信号转换为声音信号的器件，其构造示意如图2-134 所示。在各种音响中使用的就是扬声器，扬声器通电后其纸盆或膜片产生振动发出声音。扬声器的两个引脚虽然没有正负极之分，但是不同的电流方向会导致纸盆振动方向不一样，也就使产生声音的朝向不一样。所以使用多个扬声器同时发声时，需要注意这个问题。

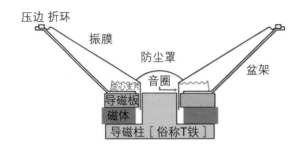

图 2-134　扬声器构造示意图

2.6.14　蜂鸣器

蜂鸣器也是一种发声器件，分为有源蜂鸣器和无源蜂鸣器两种。这里的有源和无源不是指有无电源，而是指有无振荡源。有源蜂鸣器自带振荡源，只要通电便会发出声音；无源蜂鸣器没有振荡源，需要控制器发送方波信号来驱动蜂鸣器工作。

有源蜂鸣器的两个引脚不一样长，较长的一端是正极，并且一般会在蜂鸣器上贴有标签标明正负极；无源蜂鸣器的两个引脚长度一样，并且没有标签。如图 2-135所示。

图 2-135　有源蜂鸣器与无源蜂鸣器

2.6.15　数码管

数码管也称辉光管，是可以显示数字或其他信息的电子设备，常见的是用来显示数字的。如图 2-136 所示的 8 段共阴数码管，是由 8 个 LED 组成的（a~h），因为是共阴数码管，这些 LED 的负极都连在了一起，正极连接控制器的 I/O 口，就可以通过程序控制数码管显示出对应的数字或字母了。共阴数码管是 LED 负极连接在一起，共阳数码管就是 LED 的正极连接在一起。

我们想要数码管显示的数字，可以通过这些 LED 组合出来，显示方式和液晶屏计算器是一样的。下文中的 A~F 对应 16 进制中的 10~15，也是比较常用的显示。8 段数码管包含小数点的显示，也就是 h 段，也常记为 dp（decimal point）即英文小数点的简写。

1　b、c

2　a、b、g、e、d

3　a、b、c、d、g

4　f、g、b、c

5　a、f、g、c、d

6　a、f、e、d、c、g

7　a、b、c

8　a、b、c、d、e、f、g

9　a、b、c、d、f、g

A　a、f、e、b、c、g

B　f、e、d、c、g

C　a、f、e、d

D　b、g、e、d、c

E　a、f、e、d、g

F　a、f、e、g

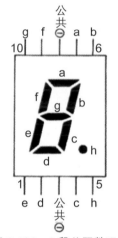

图 2-136　8 段共阴数码管

当使用多位数码管时，我们以 4 位数码管为例，就有 32 个 LED 需要控制，由于控制器的 I/O 口数量有限，不可能每个 LED 都由一个 I/O 口控制。多位数码管的控制有段码和位码的区分，段码是用来控制 a~h 亮灭的，在 4 位数码管中，所有四个数码管的 a~h 都受这 8 个引脚控制；位码控制哪一个数码管在当前是受到控制的。假如需要在 4 位数码管上显示"1.2.3.4."，控制器要先通过位码选择第一个数码管，然后控制"bch"亮起一段时间；接下来通过位码选择第二个数码管，控制"ab g e d h"亮起一段时间；然后是位码选择第三个数码管，控制"a b c d g h"亮起一段时间；再然后位码选择第四个数码管，控制"f g b c h"亮起一段时间；最后一步是循环上面的操作，重复执行下去。读者在这里可能会问，一位一位地控制数码管，我们看到的不成了一个流水灯吗？我们再看一下上面的描述"亮起一段时间"，如果这个时间够长，我们人眼看到的确实是流水灯；如果这个时间足够短，由于视觉暂留的原因，我们看到的其实是稳定显示的数字。物体在快速运动时，当人眼所看到的影像消失后，由于视神经反应速度有限，人眼仍能继续保留影像 0.1~0.4s，这种现象被称为视觉暂留现象，摇摇棒和我们在地铁运行时看到的窗外广告，应用的都是视觉暂留的现象。

2.6.16 全彩 LED

全彩 LED 也叫作 RGB LED，所有显示出的颜色都是通过红色（R）、绿色（G）、蓝色（B）三种颜色的灯根据各自不同的亮度混合而成的，如图 2-137 所示。红色、绿色与蓝色可以混合出几乎全部人眼可以识别的颜色，例如黄色光可以通过红色光与绿色光混合得到，青色光可以通过绿色光与蓝色光混合得到；三个颜色的灯都调制最亮时，就可以得到白色光。

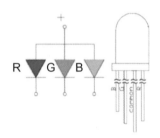

图 2-137　共阳极的全彩 LED 示意图

全彩 LED 有共阴极与共阳极两种：共阴极的全彩 LED 要把公共端连接到电源负极，R、G、B 端口为高电平时，灯就会亮起；共阳极的全彩 LED 要把公共端连接到电源正极，R、G、B 端口为低电平时，对应的小灯会亮起。

2.6.17 液晶显示屏（LCD）

液晶显示屏的英文是 liquid crystal display，简称 LCD。最常用的液晶显示屏是 LCD1602（图 2-138），能够同时显示 2 行 16 列字母、数字或符号。LCD1602 有多达 16 个的引脚，其实模块的使用并不复杂，只要理解了这些引脚的功能，控制起来就得心应手了。

图 2-138　LCD1602　　　　　VSS　　连接电源负极。

VDD　　　连接电源正极。

VL　　　液晶显示屏的对比度调节引脚，接正极时对比度最低，接负极时对比度最高。一般接 1kΩ 电阻接 VSS，也可以接 10kΩ 电位器手动调节。

RS　　　显示屏的寄存器选择引脚，高电平时选择数据寄存器，低电平时选择指令寄存器。

R / W　　高电平时进行读操作，低电平时进行写操作。

E　　　　Enable，使能端。当 E 端口由高电平变为低电平时，液晶屏会执行命令。

D0 ~ D7　8 位双向数据线。

BLA　　　背光正极。背光就是背景光的意思。

BLK　　　背光负极。

LCD1602 一般的控制流程如下。

第一步：初始化，设置显示模式（单双行选择、显示字符大小的选择），设置是否显示光标，最后清屏。

第二步：写指令，设置显示位置。如第一行第一个字符位置、第二行第一个字符位置。

第三步：写数据，把需要显示的数据通过 D0 ~ D7 发送给 LCD1602。

写指令与写数据的操作主要是对 E、RS 与 R / W 三个引脚控制，然后用 D0 ~ D7 将指令或数据发送给 LCD1602。根据 LCD1602 提供的数据手册，我们可以知道这些操作的时序和控制方式，下面是 LCD1602 的一些伪代码。

写指令函数（指令内容）

```
{
    E = 0; //E 端口设置为低电平
    RS = 0; //RS 端口设置为低电平
    RW = 0; //RW 端口设置为低电平
    D0-D7 = 指令内容; //根据指令内容，对 D0 ~ D7 控制引脚进行赋值
    延时 2 毫秒; //在这里延时可以增加运行的稳定性
    E = 1; //E 端口设置为高电平
    延时 2 毫秒;
    E = 0; //E 端口设置为低电平
}
```

写数据函数（数据内容）

{

　　E = 0; //E 端口设置为低电平

　　RS = 1; //RS 端口设置为高电平

　　RW = 0; //RW 端口设置为低电平

　　D0-D7 = 数据内容; //根据数据内容，对 D0～D7 控制引脚进行赋值

　　延时 2 毫秒; //在这里延时可以增加运行的稳定性

　　E = 1; //E 端口设置为高电平

　　延时 2 毫秒;

　　E = 0; //E 端口设置为低电平

}

初始化函数()

{

　　E = 0; //E 端口设置为低电平

　　写指令函数（0x38）; //设置显示屏双行显示; 字符大小为 5×7; 使用 8 位数据口

　　写指令函数（0x0e）; //打开显示开关; 不显示光标

　　写指令函数（0x06）; //写一个字符后, 地址指针加 1

　　写指令函数（0x01）; //清屏

}

2.6.18　点阵屏

　　点阵屏也是由 LED 组成的, 通过控制 LED 的亮灭组合出文字、表情、图画等。我们在街边看到的流动字幕使用的就是点阵屏。最常见的点阵屏是 8×8 的（图 2-139）, 可以显示字母和数字; 如果想要显示汉字的话, 需要组合成 16×16 的点阵屏。

图 2-139　8×8 点阵屏

　　我们以 8×8 的点阵屏为例介绍点阵屏的控制方式。如图 2-140所示, 8×8 点阵屏有 16 个控制引脚, 分别控制 8 行和 8 列。我们想要让哪个灯亮, 就控制它所在行为高电平, 所在列为低电平。细心的读者会发现, 这种电路原理并不能实现同时控制

所有灯的状态，所以点阵屏在应用中也是利用视觉暂留，通过动态扫描的方法，每次对一行或一列进行操作，然后循环控制所有的行或列。

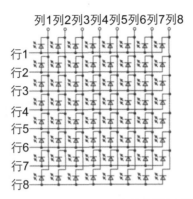

图 2-140　8×8 点阵屏的原理图

2.6.19　开关

开关是电路中重要的元件，起到控制电路断开与闭合的功能。开关根据结构分为微动开关、按键开关、触点开关、拨动开关、船形开关、摇臂开关等。开关的电路符号如图 2-141 所示。

2.6.20　自锁开关

自锁开关（图 2-142）是一种常见的按钮开关，按键按下后不会自动弹开，再次按下按键开关回到松开状态。按键按下后会自动弹开的开关，叫做非自锁开关。

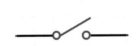

图 2-141　开关的电路符号

图 2-142　自锁开关

自锁开关有 6 个引脚，"1 3"和"4 6"是两组常开触点，"1 5"和"2 6"是两组常闭触点。自锁开关的按键有一面是凹陷的，有一面是平整的。当人正对着凹陷面时，左侧靠近人的两个引脚是常开触点。当手边有万用表时，把万用表调至导通挡，如果松开时两个触点是断开的，按键按下后这两个触点导通，那么这两个触点就是常开型的。如图 2-143 所示。

2.6.21 拨码开关

拨码开关（图 2-144）是可以用手拨动的开关，各个按键是独立的，之间没有干扰。拨码开关用于参数设定、通信、遥控和其他一些需要手动控制的设备上。

未按下的状态　　按下的状态

图 2-143　自锁开关导通示意图

图 2-144　拨码开关

2.6.22 面包板

面包板上有许多插孔，也预先将一些插孔进行了电路连接。使用面包板搭建电路时，只需要将器件插在面包板上，不需要进行焊接，节省了焊接的时间，让使用者能够把精力放在测试电路上。

面包板两个边缘的 4 横行，如图 2-145 所示的红线与黑线，是各自导通着的，一般用于连接电源正负极。面包板上的其余孔，每 5 个一列是导通着的，如图所示的黄线与蓝线，但是黄线与蓝线是断开的。

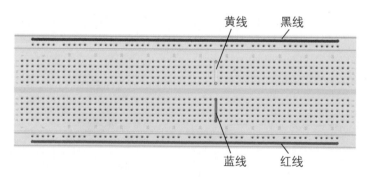

图 2-145　面包板导通示意图

如图 2-146 所示是一个用面包板实现的电路，可以通过按键对全彩 LED 进行调色。全彩 LED 的四个引脚定义从左到右依次是 R、共阳极、B、G，所以共阳极要连接至电源的正极；其余三个颜色控制的引脚分别接按键然后接地。当按键按下后，对应颜色的 LED 电路就导通，如果多个 LED 同时点亮，就能够混合出其他颜色的光了。如果红色和绿色 LED 同时点亮就会发出黄色光；如果蓝色和绿色 LED 同时点亮就会发出青色光；如果红色和蓝色 LED 同时点亮就会发出洋红色光；如果三个按键同时按下，全彩 LED 就会发出白光。

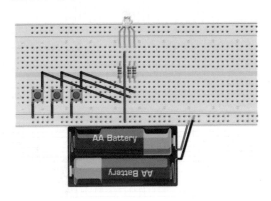

图 2-146　全彩 LED 控制电路

2.6.23　洞洞板

洞洞板也叫做万用板（图 2-147），板子上布满 2.64mm 标准间距的圆形焊盘，也有的洞洞板预先将一些焊盘连接在了一起，使用时要先确认这一点。洞洞板有单双面之分，使用时根据需要进行选择即可。在本书后续的电路实践中，也将在洞洞板上进行焊接搭建。

图 2-147　洞洞板

2.6.24 排针

排针（图 2-148）是最常见并且十分容易获取的连接件，根据间距可分为 2.64mm、2.00mm、1.27mm、1.00mm、0.80mm 五种。其中，2.64mm 即 0.1 英寸，是使用最多的标准间距，洞洞板与面包板的孔距也是 2.64mm。排针根据排数区分一般有单排针、双排针、三排针。

2.6.25 杜邦线

杜邦线（图 2-149）是美国杜邦公司生产的连接线材，因为在面包板上应用很多，所以也被称为面包线。杜邦线有公头和母头，公头是带针、可以插在面包板的端口；母头是可以与公头或者排插连接的端口。

图 2-148　排针　　　　　　　　　图 2-149　杜邦线

2.6.26 IC 插座

IC 是集成电路（integrated circuit）的缩写。IC 插座（图 2-150）一般直接焊在电路板上，IC 只需要插在插座上便可以工作了。当 IC 需要更换时，只需要将其从插座上撬下来就可以了，这种连接方式方便电路的维修与测试。

2.6.27 跳线帽

跳线帽（图 2-151）的功能与结构很简单，就是将相邻的两个插针短路。可以用在电路中作为手动选择开关。

图 2-150　IC 插座　　　　　　　图 2-151　跳线帽

2.6.28 鳄鱼夹

鳄鱼夹用来在电路中做暂时性连接，它的内侧是电的良导体，外侧是绝缘包层，在电路测试中使用非常方便，如图 2-152 所示。在学生电源的供电接口、示波器的连接口应用很广。使用鳄鱼夹时要注意通过的电流不能过大，过大的电流会导致鳄鱼夹过热，融化绝缘包层。

图 2-152　鳄鱼夹

2.6.29 电池盒和电池座

电池盒（图 2-153）的作用是将多节电池串联，电池盒能装入多少节电池，输出电压就等于单节电池电压的多少倍。常见的电池盒一般是用来安装 5 号电池或锂电池 18650 的，单节 5 号电池的电压是 1.5V，单节锂电池 18650 的电压是 3.7V。

电池座（图 2-154）是用来安装纽扣电池的，常见的纽扣电池电压是 3V。

图 2-153　电池盒

图 2-154　电池座

2.6.30 USB 接口

USB 是 universal serial bus 的简写，中文意思是通用串行总线，广泛应用于电脑、数字电视、游戏机上。USB 接口分为许多种类型（图 2-155）：A 型 USB、B 型 USB、Micro USB、Mini USB。A 型 USB 接口就是电脑和 U 盘上使用的接口类型，也是最常见到的 USB 接口；B 型 USB 就是 Arduino UNO 和打印机上使用的接口类型；Micro USB 在手机、充电宝和电子设备上经常用到；Mini USB 在 MP3 上最常见，乐高 EV3 控制器上使用的也是 Mini USB 接口。

大多数 USB 接口有 4 个针脚，分别是+5V、GND、D+、D－，其中 D+、D－是数据通信线，+5V 和 GND 可以用来给其他设备供电。

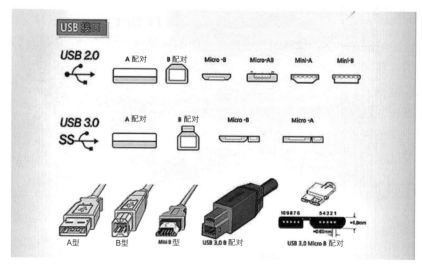

图 2-155　USB 接口类型

2.7　简单的电路

　　在本节，我们将介绍如何读懂电路原理图，学会设计自己的电路。我们也根据制作机器人的经验，精心选取了很多常用的电路，读者可以在这些电路的基础上设计制作自己的电路。本节中的电路原理图均是电路设计软件 Altium Designer 2017 绘制的。

2.7.1　LED 控制电路

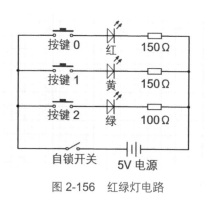

图 2-156　红绿灯电路

　　我们在 LED 部分的学习了解到，LED 正常工作时会有一个固定压降，红色、黄色 LED 压降约为 2V，绿色 LED 压降约为 3V，并且直插 LED 的工作电流是 20mA。

　　如果使用 5V 电源的话，经过计算，需要给红色和黄色 LED 串联一个 150Ω 的电阻，需要给绿色 LED 串联一个 100Ω 的电阻。我们可以根据这个计算结果，绘制一个红绿灯的电路，如图 2-156 所示。

在这个电路中，有一个总开关控制电路是否运行。另外，在每个支路上通过一个按键对 LED 进行控制。按下总开关后，哪一条支路的按键被按下，对应的小灯就会亮起。三条支路是并联的关系，每条支路两端的电压都是 5V；每条支路中的按键、LED 和电阻是串联的关系，按键松开时支路是断开的，按键被按下支路才导通。

电路中的按键和电阻都是没有极性的，两个引脚不分正负；但是 LED 有正负极的区分，在电路中正极要连接至高电压，负极要连接至低电压，如果 LED 在这个电路中被接反，小灯一般不会发生损坏。

2.7.2 全彩 LED 电路

全彩 LED 是通过红色、绿色、蓝色三种颜色的小灯混合显示出所有的颜色。通过 LED 的电流大小，会影响 LED 的亮度。我们给全彩 LED 的每个小灯串联一个电位器，就可以控制通过小灯的电流了。电位器选择的电阻越大，通过小灯的电流就越小，小灯发出的光线也就越暗。我们可以通过调节电位器来控制 R、G、B 三个小灯的亮度，从而混合出各种各样的颜色，我们管这个电路叫做全彩 LED 调色盘，如图 2-157 所示。

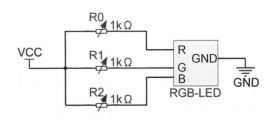

图 2-157 全彩 LED 调色盘

2.7.3 7805 直流降压电路

7805 是一个三端稳压器，它的输入端接收 7～35V 的直流电，但考虑到模块质量问题，一般输入端为 15V 以下，输出端为 5V，最大输出电流为 1A。在很多电子模块中都使用了 7805 降压，例如市面上常见的 L298N 电机驱动模块。L298N 的工作电压为 5V，但是驱动负载的输入电压为 12V。我们不可能每次使用 L298N 模块时都提供两个电源，所以模块中增加了 7805，把 12V 外接电源降压至 5V 为 L298N 芯片供电，这样只需要一个 12V 的电源就可以同时给芯片和负载供电了。

除了 L298N 电机驱动模块，我们也可以把这个电路用在任何高电压输入、5V 输出的电路中，例如单片机的供电电路、芯片供电电路。

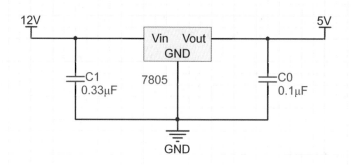

图 2-158 7805 稳压电路

如图 2-158 所示，7805 的 Vin 端连接 12V 电源的正极，GND 连接 12V 电源的负极，GND 同时也是 5V 电源的负极，Vout 输出端就是 5V 电源的正极了。电路中的电容 C1 和 C0 都是起滤波作用的，其中 C1 是为了减少 12V 电源不稳定产生的波动，C0 是为了减少 5V 输出端的波动。在焊接电路时，C0 与 C1 两个电容要靠近 7805 放置。

三端稳压器有 78 系列和 79 系列。7805 就是 78 系列中的一员，78 后面两位数字表示稳压器输出的电压，比如 7805 输出的是 5V。常见的还有 7812，输出电压为 12V。79 系列输出的是负电压，也就是低于 0V 参考点的电压。如果对负电压不太理解，可以回顾一下本章电路基础部分中的电压知识。同样的，79 系列后两位数字也表示输出的电压值，例如 7905 输出电压为 −5V，7912 输出电压为 −12V。

2.7.4 电阻分压电路

在一个串联电路中，通过所有负载的电流大小是一样的，如果电路中有两个电阻 R_0 与 R_1，这两个电阻会分摊电路的电压。根据欧姆定律 $U = RI$（电压 = 电阻×电流），可以得到电路中的电流是 $U / (R_0 + R_1)$，而两个电阻上分摊的电压就等于电流乘上自身的电阻值。

根据上面的计算，我们知道串联电路中，电阻值越大的电阻分压越多，并且分摊的电压值与阻值成正比。

在电路设计中，会经常用到电阻的分压作用，例如音响的音量控制。图 2-159 中的 R1 是一个电位器，通过调节电位器可以改变其阻值。当电位器阻值变小时，功率放大电路输入端的电压就会变低，扬声器的音量就会变小；当电位器阻值变大时，功率放大电路输入端的电压就会变高，扬声器的音量就会变大。

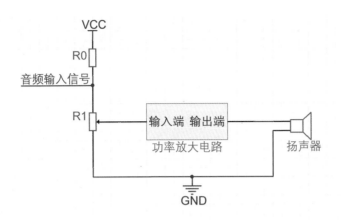

图 2-159　音响音量调节电路

2.7.5　光控灯

　　在光控灯电路中，我们使用光敏电阻来检测环境光线。光敏电阻在受到光照后，阻值会迅速下降。我们在电路中选取 5528 型号的光敏电阻，它在光照下的亮电阻是 5～10kΩ，没有光照时的暗电阻为 1MΩ。根据光敏电阻 5528 的参数，我们可以设计一个在环境光线变暗时自动开灯的电路。

　　我们在上一节中介绍的电阻分压电路，似乎也可以应用在光控灯的电路中，如图 2-160 所示。当环境中有光照时，光敏电阻阻值下降，分摊的电压下降，小灯两端电压不足；当环境中有光照时，光敏电阻阻值增大，分摊的电压增大，小灯达到工作电压。这样看起来好像行得通，但其实我们忽略了小灯发光所需要的电流。LED 发光最少需要 5mA 电流，但是光敏电阻 5528 的暗电阻是 1MΩ，电路中没有足够的电流驱动小灯发光。

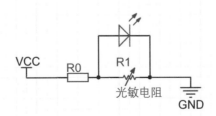

图 2-160　分压电路

　　分压电路虽然不能直接驱动 LED 发光，但是分压的思路是可以在光控灯电路中应用的，光敏电阻的阻值根据环境中光线的强度而改变，分压电路输出的电压会因此而不同。我们只需要在电路中加上一个三极管，让它的基极连接分压电路，集电极连接电源，发射极来驱动 LED，就可以把电流不足的问题解决了。

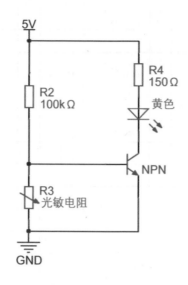

图 2-161 光控灯电路

NPN 型三极管的工作状态是由基极（B）电压与发射极（E）电压的差，即 U_{be} 来决定的，当这个差值小于一定值时（硅管为 0.7V，锗管为 0.3V），三极管处于截止状态，集电极与发射极不导通，LED 没有电流通过。当 U_{be} 大于截止电压时，三极管导通，LED 有电流通过并且直接由电源驱动。图 2-161 中普通电阻 R2 与光敏电阻 R3 组成分压电路，有光照时光敏电阻 R3 阻值较小，三极管基极电压较低，三极管处于截止状态；当没有光照时光敏电阻 R3 的阻值变大，三极管基极电压升高，三极管导通，LED 发光。R4 作为限流电阻，保护 LED 不被烧坏。这里的 NPN 型三极管是小功率三极管，可以使用常见的 8050、9014 等型号。

2.7.6 循迹模块

在这个小节，我们将介绍怎样使用红外巡线传感器自制循迹模块。简单的地图可以使用单个或者两个红外巡线传感器来完成巡线，但是为了提高巡线小车的速度与稳定性，就要用到多路的循迹模块。如图 2-162 所示 4 路循迹模块。

焊接制作时，要把握好每组发射、接收管的间距，太近的话传感器之间会相互干扰，太远的话影响巡线小车的响应速度。电路使用 5V 电源供电，电路中的 Emitter 表示红外发射管，Receiver 表示红外接收管。电路图中与发射管串联的 150Ω 电阻起到限流、保护红外发射管的作用，与 LED 限流电阻的功能一样。

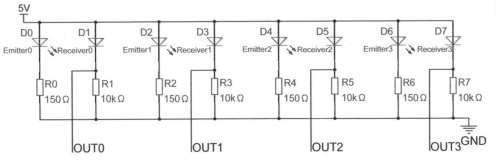

图 2-162　4 路循迹模块

电路图中与接收管串联的 10kΩ 电阻是下拉电阻，保证输出端输出的是稳定的高电平或者低电平。我们来把电路图换成更容易理解的形式。图 2-163 中左侧的下拉电阻电路是图 2-162 中红外接收管电路的变形，这两个电路是一样、等效的。在图 2-163 中我们可以很清晰地看出，输出端与逻辑电路相连，逻辑电路就是数字电路，只有高电平与低电平两种状态。在循迹模块的应用中，逻辑电路就是控制器的数字量接口。如果不加下拉电阻，接收管导通后电路中会有波动，控制器接收的信号是不稳定的，会影响控制器的决策。增加下拉电阻之后，如果二极管不导通，OUT 端输出稳定的低电平；二极管导通后，OUT 端输出稳定的高电平。

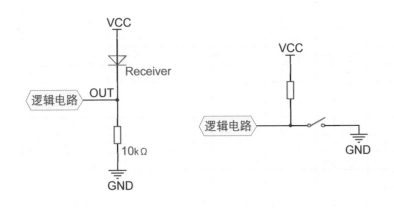

图 2-163　下拉电阻与上拉电阻

上面介绍的就是下拉电阻的作用，上拉电阻应用的也是同样的原理，电路参照图 2-163 中右侧的电路。如果不加上拉电阻，在开关闭合的瞬间，逻辑电路得到的电信号是不确定的。增加上拉电阻之后，在开关断开的状态下，逻辑电路得到的是稳定的高电平；开关闭合后，逻辑电路与 GND 相连，由于电阻的存在，这个点的电压不会高低不定，逻辑电路得到的是稳定的低电平。

2.7.7 惠斯通电桥

惠斯通电桥（图 2-164）是由 4 个电阻组成的电桥电路，这 4 个电阻被称为电桥的"桥臂"。惠斯通电桥的功能是已知 3 个电阻的阻值，测量另一个未知电阻的阻值，这个未知阻值的电阻可以是光敏电阻、热敏电阻、压敏电阻等，惠斯通电桥是一种精度很高的测量方式。

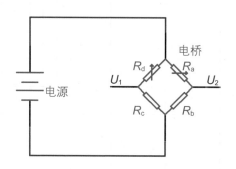

图 2-164　惠斯通电桥

在示意电路中，可以看到 4 个电阻 R_a、R_b、R_c、R_d 组成的电桥电路。假设 R_d 是一个待测阻值的压敏电阻，其他 3 个电阻的阻值已知，通过测量电压 U_1 与 U_2 间接得到电阻 R_d 的值。这 4 个电阻的串并联关系很容易确定，R_a 与 R_b 串联，R_d 与 R_c 串联，R_a、R_b 与 R_c、R_d 并联。根据串并联关系可以知道，R_a 与 R_b 所在支路的电流是 $V_{CC} / (R_a + R_b)$，选取电池负极为 0V 电压参考点，那么电压 U_2 就等于 $R_b \times V_{CC} / (R_a + R_b)$。同样的，$U_1$ 就等于 $R_c \times V_{CC} / (R_c + R_d)$。我们可以得到等式

$$U_2 - U_1 = V_{CC}(R_b \times R_d - R_c \times R_a) / (R_a + R_b)(R_c + R_d)$$

当 $R_b \times R_d$ 等于 $R_c \times R_a$ 时，U_2 与 U_1 电压相等，这时电桥处于平衡状态，待测电阻 R_d 等于 $R_a \times R_c / R_b$。利用惠斯通电桥的平衡状态，当 R_d 发生变化时，保持 R_b、R_c 不变，通过调节 R_a 的阻值让电路达到平衡状态，再根据等式 $R_d = R_a \times R_c / R_b$ 得到待测电阻的阻值。

2.7.8 三极管放大电路

我们在之前的内容中已经介绍了很多关于三极管的知识。我们在这里再详细地讲解三极管的关键参数与三极管在放大电路中的应用。

三极管（图 2-165）的三极分别是基极 B、集电极 C 与发射极 E，根据结构区分有 NPN 与 PNP 两种，这两种类型的三极管在工作时，极间的电流方向与电压正负是不相同的。三极管电路符号上的箭头，表示电流的流向。

NPN 型三极管起放大作用时的工作状态和条件如下。

条件：基极电压－发射极电压 > 0.7V（硅管）或 0.3V（锗管）。

条件：集电极电压最高，发射极电压最低。

状态：基极到发射极的电流控制集电极到发射极的电流。

PNP 型三极管起放大作用时的工作状态和条件如下。

1.Emitter 发射极
2.Base 基极
3.Collector 集电极

图 2-165　三极管

条件：发射极电压－基极电压 > 0.7V（硅管）或 0.3V（锗管）。

条件：发射极电压最高，集电极电压最低。

状态：发射极到基极的电流控制发射极到集电极的电流。

图 2-166 是三极管增大控制器 I / O 口驱动能力的电路。一般的控制器 I / O 的输出能力在几十毫安左右，不能直接驱动功率较大的负载。根据三极管的放大特性，I / O 口可以通过控制三极管来驱动负载。使用 NPN 型三极管时，I / O 口输出高电平，三极管导通，外接电源驱动负载工作；当 I / O 口输出低电平，三极管截止，负载停止工作。使用 PNP 型三极管时，I / O 口输出低电平，三极管导通，外接电源驱动负载工作；当 I / O 口输出高电平，三极管截止，负载停止工作。

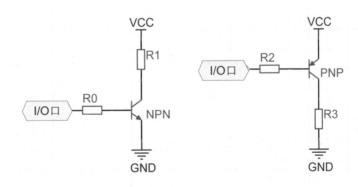

图 2-166　三极管增大控制器 I / O 口驱动能力的电路

电路中的电阻 R0 与 R2 起到限流的作用，防止基极电流过大，损坏三极管。R0 与 R2 的电阻值，要根据负载工作时的电流大小和三极管的放大倍数来进行选择。R0 与 R2 另外一个作用是保证控制器 I / O 口电压的稳定，因为三极管导通后极间存在压降，不加电阻的话会对 I / O 口的电平造成影响。电阻 R1 与 R3 在这里也是起限流保护作用的。另外要注意，NPN 型与 PNP 型三极管的负载都连接在集电极。

2.7.9 场效应管放大电路

放大电路的作用是把微弱的电信号不失真地放大到需要的数值，其实质是用较小的能量去控制较大的能量。放大电路一般是利用三极管的电流控制作用或者是场效应管的电压控制作用。三极管的放大作用是由基极电流决定的，而场效应管的放大作用是由栅极电压决定的。

图 2-167　微型四旋翼

我们以场效应管在微型四旋翼中的应用为例介绍。微型四旋翼（图 2-167）依靠高转速的空心杯电动机与螺旋桨 SI2302 提供升力，四旋翼的控制器不可能直接驱动如此大电流的电动机，所以在这里增加场效应管作为驱动。场效应管也有三极，分别是栅极、漏极和源极。场效应管常用的是 N 沟道的金属-氧化物半导体场效应管，也就是 MOSFET-N，当栅极与源极之间的电压大于一定的值，N 沟道场效应管便会导通。

我们可以看到，如图 2-168 所示，电路十分简单，当 I / O 口输出低电平时，场效应管关断，电动机不运转；当 I / O 口输出高电平时，场效应管导通，电动机运转。飞行器在空中不论是调整姿态还是保持悬停，都需要对各个电动机的转速精准地控制。与三极管相比，场效应管的噪声更小、能耗更小、热稳定性强并且响应速度快，所以场效应管在飞行器和大规模的集成电路中应用比三极管更广。

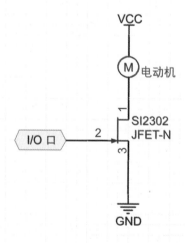

图 2-168　场效应管驱动空心杯电动机

2.7.10 单片机最小系统

单片机最小系统指的是可以支持单片机工作的最小外围电路，一般包括三个部分：电源电路、复位电路与时钟电路。图 2-169 是 Arduino Nano 的最小系统，主控制器是 ATMEGA328P，电源电路使用三端稳压器 7805 进行供电，复位电路使用按键来改变 RESET 的电位，时钟电路使用 16MHz 的晶振。

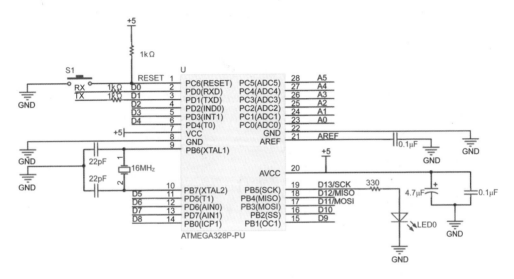

图 2-169 Arduino Nano 的最小系统

电源电路：三端稳压器 7805 的供电电路参照前面章节的内容即可，推荐的输入电源的电压范围是 7～12V，低于 7V 输出电压会低于 5V，输入电压高于 12V 7805 会发烫。在合适的电压输入范围之内，7805 可以输出稳定的 5V 电源。单片机的 VCC连接 5V 电源的正极，GND 连接电源负极，单片机的供电就完成了。

复位电路：芯片的 1 号引脚 RESET 连接的是复位电路，因为这款芯片是低电平复位，所以复位电路中使用 1kΩ 电阻作为上拉电阻。按键按下前 RESET 始终为高电平；当按键按下后，RESET 的电位被拉至低电平，芯片复位。芯片复位之后，会回到初始状态，程序也会重新运行。

时钟电路：芯片的 9 号、10 号引脚 XTAL 是外部晶振的连接引脚，外部晶振与晶振的匹配电容构成了芯片的时钟电路。晶振的选择要根据单片机的要求，有些单片机的工作频率是 16MHz，也有的单片机工作频率在 2MHz。而电容的选择要与晶振匹配，通常选用 15～33pF 的瓷片电容，晶振的匹配电容会影响晶振工作的频率，过大或者过小都会使晶振无法起振。在单片机的数据手册中会提供建议的时钟电路，设计电路时要多查阅数据手册，依据手册的参数说明才能得到稳定的电路。晶振与电容在焊接时，要保证靠近单片机的引脚，不要间隔太远。

除了最小系统所需的电源电路、复位电路与时钟电路之外，图中所示的原理图还有一些其他的电路。2 号（RXD）与 3 号引脚（TXD）是单片机的串口通信引脚，串联电阻是为了使信号更稳定。21 号引脚（AREF）是模拟电压参考点，加电容滤波稳定信号的 20 号引脚（AVCC）是模拟电源，模拟电源与数字电源隔离开，是为了减少相互间的干扰。19 号引脚（D13 / SCK）是 Arduino 的 D13 引脚，因为 Arduino 官方原板上面预留了这个小灯供编程使用，在焊接完电路之后，就可以通过编程控制小灯来判断电路是否正常工作。

单片机最小系统电路是控制器最基础的电路，掌握了这部分的知识，读者朋友们就可以制作自己的控制器了。

除了介绍的引脚，其余的引脚大多是单片机的 I / O 口，这些 I / O 口有的是功能复用的，例如 PD0 复用作为串口通信的接收引脚、PB5 复用作为 SPI 通信的时钟引脚。在这里把 ATMEGA328P 的所有引脚功能列出来：

1.PC6　　　RESET，复位。

2.PD0　　　数字 I / O 口 D0；RXD，串口通信数据接收引脚。

3.PD1　　　数字 I / O 口 D1；TXD，串口通信数据发送引脚。

4.PD2　　　数字 I / O 口 D2。

5.PD3　　　数字 I / O 口 D3。

6.PD4　　　数字 I / O 口 D4；INT0，外部中断 0。

7.VCC　　　电源正极。

8.GND　　　电源负极。

9.PB6　　　XTAL1，外部晶振 1。

10. PB7　　XTAL2，外部晶振 2。

11.PD5　　　数字 I / O 口 D5；定时器 T0 外部输入。

12.PD6　　　数字 I / O 口 D6；AIN0。

13.PD7　　　数字 I / O 口 D7；AIN1。

14.PB0　　　数字 I / O 口 D8。

15. PB1　　数字 I / O 口 D9。

16. PB2　　数字 I / O 口 D10。

17. PB3　　数字 I / O 口 D11；MOSI（master out slave in），SPI 通信的“主机输出从机输入”引脚。

18. PB4　　数字 I / O 口 D12；MISO（master in slave out），SPI 通信的“主机输入从机输出”引脚。

19. PB5　　数字 I / O 口 D13；SCK，SPI 通信的时钟信号引脚。

20. AVCC　　模拟电源。

21. AREF　　模拟电压参考点。

22. GND　　电源负极。

23. ADC0　　模拟 I / O 口 A0。

24. ADC1　　模拟 I / O 口 A1。

25. ADC2　　模拟 I / O 口 A2。

26. ADC3　　模拟 I / O 口 A3。

27. ADC4　　模拟 I / O 口 A4；SDA，IIC 通信数据引脚。

28. ADC5　　模拟 I / O 口 A5；SCL，IIC 通信时钟引脚。

2.7.11　USB 转串口电路

完成了单片机最小系统之后，芯片如果有程序的话通电便可以执行，可是如果芯片之中没有程序呢？如果想要对芯片重复烧写程序，最小系统电路还不够，还需要单片机与电脑进行通信的电路。这一节介绍的 USB 转串口电路就是完成这项工作的，电路包括一个 USB 转串口芯片 CH340 和一个 USB 接口。USB 是英文通用串行总线的简写，虽然 USB 与串口都能串行通信，但是 USB 与串口的通信协议和电平都不兼容，所以需要使用芯片进行转换。

CH340 是常用的一款 USB 总线转接串口的芯片，支持 5V 与 3.3V 供电，其电路如图 2-170 所示。芯片想要工作首先需要供电，CH340 的 VCC 可以接 5V 或者 3.3V 电源正极供电，GND 连接电源负极。根据芯片手册，如果 CH340 的 VCC 接到 5V，那么 V3 引脚要接 4700pF 或者 0.01μF 的电源退耦电容；当使用 3.3V 供电时，V3 与 VCC 直接相连。芯片的 UD+与 UD−连接 USB 口的 D+与 D−，芯片接收 USB 接口传输来的数据，经过转换后，通过芯片的 TXD 与 RXD 传输给单片机。芯片发送数据的引脚 TXD 要连接单片机的接收引脚 RXD，芯片的接收引脚 RXD 要连接单片机的发送引脚 TXD。在电路原理图中，一般情况下相同标号的引脚功能是一样的，要互相连接，但是串口通信引脚的连接方式不符合这种情况。设计与焊接电路时需要注意这点不同。

设备 1-RXD → 设备 2-TXD

设备 1-TXD → 设备 2-RXD

CH340 的 TXD 与 RXD 串联一个电阻之后连接单片机的 RXD 与 TXD，CH340 的 TXD 引脚串联二极管是为了防止单片机断电后有电流从引脚间通过，从而影响到单片机的正常启动。CH340 工作也需要一个晶振作为时钟，这个晶振的频率大小为 12MHz，电容大小的选择范围在 22～30pF。芯片的 RTS（request to send）是数据发送请求引脚，高电平时允许数据发送，低电平时停止数据发送。CH340 的 RTS 引脚连接单片机的复位引脚，单片机正常工作时复位引脚与 RTS 都是高电平；当复位按键按下后，RTS 引脚电平被拉低，数据传输停止。

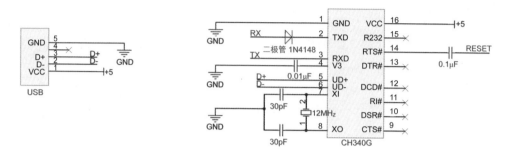

图 2-170　CH340 电路

基于 CH340 的 USB 转串口电路，通过一根 USB 数据线与电脑连接，如果电路焊接正确，连接之后电脑会开始安装 CH340 的驱动，如果无法正确安装驱动，可以在网页搜索适合电脑的 CH340/CH341 驱动下载并安装。正确安装后，可以在电脑的"设备管理器"中找到"端口"选项，点开后可以看到 CH340 设备及其端口号，如图 2-171 所示。

有些编译器对大于 10 或 20 的 COM 号并不支持，如果设备连接电脑后的默认 COM 号大于这个值，可以右键这个设备，选择"属性"，然后在"端口设置"中点击"高级"，这时就可以在左下角找到端口选择了。如果需要的 COM 号被占用也没有关系，保持选择就可以了。

图 2-171　设备管理器识别的 CH340

2.7.12　L298N 驱动电路

L298N 是一种常用的电机驱动芯片，L298N 模块（图 2-172）也是许多科技爱好者最常用的驱动模块。L298N 可以控制两个电机的正反转，控制信号输入端为 input 的 IN1～IN4 四个插针，output 端的 OUT1～OUT4 会与 IN1～IN4 电平一一对应。例如 IN2 输入高电平则 OUT2 输出高电平，IN4 输入低电平则 OUT4 输出低电平。模块使能端（enable）的跳帽将两个使能端与 VCC 短接，如果拔下跳帽，则对应一侧的输出不能被控制。L298N 模块的输入电压为 12V，为电机提供能量来源，另外，经过 7805 稳压后给 L298N 芯片供电。电路板上的+5V 接口是输出端口，可以用于给 5V 单片机或其他设备供电。

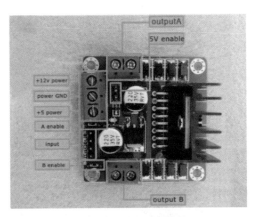

图 2-172   L298N 模块

本节介绍的电路与 L298N 模块的电路图是一致的，可以使用模块进行参考，如图 2-173 所示。L298N 芯片需要两个电压输入，一个是 12V，用于给电机供电，一个是 5V，用于给 L298N 芯片供电。电路中未画出 7805 稳压电路，L298N 芯片的供电需要 12V 电源经过 7805 稳压来提供。L298N 的电路也十分容易理解，IN1～IN4 为控制信号输入引脚，控制器连接 4 个输入引脚，通过高低电平控制电机的正反转与停止。EN A 与 EN B 是使能端，使能端为高电平时，输出端才可以被控制；使能端如果为低电平，那么输出端口不受输入信号的控制。VSS 为芯片供电引脚，连接 5V 电源正极。VS 为电机供电引脚，连接 12V 电源正极。OUT1～OUT4 为输出端，每两根输出线控制一个电机。ISEN A 与 ISEN B 是电流检测引脚，这里不使用，直接连接 GND。

电路中的二极管 1N4007 是为了防止电机反电动势对 L298N 芯片造成损坏，保证输出线上的电压稳定。电路中的 4 个 LED 是为了直观地显示 4 根输出线的状态，方便输出信号的状态监测。

单片机通过控制 IN1～IN4 来控制电机正反转，例如 IN1 输入高电平、IN2 输入低电平时电机正转；那么当 IN1 输入低电平、IN2 输入高电平时，电机就会反转；如果 IN1 与 IN2 同时输入高电平或者低电平，那么电机两端就没有电压，电机不运转。电机转速的调整是通过 PWM（脉冲宽度调制）实现的，也就是通过控制每个周期内高电平与低电平的时间比例，控制电机两端的平均电压来实现转速控制。

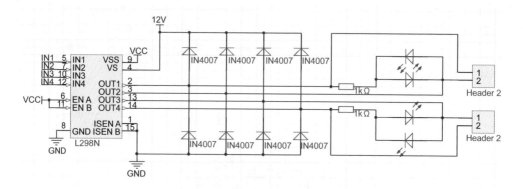

图 2-173　L298N 驱动电路

2.7.13　H 桥

H 桥是用来控制电机的电路，如图 2-174 所示，因为 4 个三极管的排布形状呈一个"H"，所以被称为 H 桥。电机运转时对角的一组三极管导通，当 Q1 与 Q4 导通、Q2 与 Q3 截止时，电流从左侧流至右侧；当 Q2 与 Q3 导通、Q1 与 Q4 截止时，电流从右侧流至左侧。L298N 芯片中就含有两个 H 桥电路。

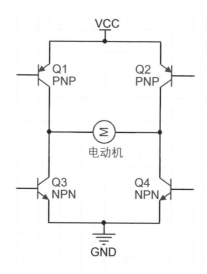

图 2-174　H 桥电路

2.8 执行装置

机器人的执行装置决定了机器人可以完成什么样的任务。因为本章的内容涉及电路的知识，所以并没有与机械结构放在一起，而选择在电路部分之后介绍。这部分内容不仅会介绍常用的独立执行装置，例如电机、舵机、电磁铁等，也会介绍常用的电控设备，例如制冷片、风扇等，最后会介绍结构较为复杂的万向轮、麦克纳姆轮以及使用它们搭建的全向移动底盘。

2.8.1 直流电动机和减速电动机

电动机的英文名称是 Motor，音译为马达。电动机是最常用的动力装置，它可以把电能转换为机械能，为机器人或者其他装置提供动力。直流电动机有两个接线端子，在两端连接合适的电源，电动机就开始运转。如果把接线端连接的电源正负极调换一下，电动机运转的方向就会与之前相反。电源的选择要依据电动机的参数，电源电压过低，电动机无

图 2-175 直流电动机

法正常运转，电源电压过高，会损坏电动机。有些厂家的电动机会在其中一个接线端标写"+"或者红色圆点，这是为了便于使用电动机时区分方向。

直流电动机（图 2-175）通电就会转动，那么应该如何控制电动机的转速呢？我们来想象这样一个电路，如图 2-176 所示，电动机的一个接线端与电源负极相连，另一个接线端经过一个按键与电源正极相连。接下来按下这个按键，电动机就会转动，松开就会停止。如果加大按下按键的频率，快速地按下松开、按下松开，这时会发现电动机并不会停下来，而是速度较慢地转动。那么我们来想象一下，如果这个频率调到更快呢，当然这不是手动控制能实现的，是通过电子元器件来实现的，电动机两端的电压就会像图 2-176 所示那样变化。

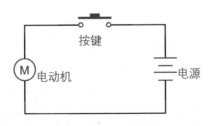

图 2-176 手动的电动机调速电路

其实直流电动机的转速控制就是通过 PWM（脉冲宽度调制）来实现的，在前面章节已经介绍了脉冲和脉冲宽度，PWM 调速就是控制高电平在一个周期内所占的比例，从而改变电动机接线端的平均电压，平均电压越大电动机的转速就越大。图 2-177 所示是三种不同占空比的信号，最上面的控制信号占空比只有 10%，也就是在一个周期内只有 10% 的时间是高电平，电动机两端有电压，它的平均电压（虚线）也很靠近低电平；中间的控制信号占空比为 50%，它的平均电压是高电平电压的一半；最下面的控制信号占空比为 90%，电动机很接近全速运动了。

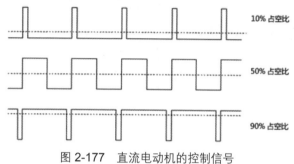

图 2-177　直流电动机的控制信号

电动机的扭矩也是一个关键的参数，扭矩越大，电动机的"劲儿"越大。扭矩常用的单位是 N·m 有时也会用到 kgf·cm。可以通过杠杆原理来理解扭矩。在电动机轴上垂直固定一个杠杆，电动机转动时用这个杠杆去阻碍电动机转动，如果这个杠杆长度是 1cm，使用 25kgf 的力使电动机刚好停止转动，那么这个电动机的扭矩就是 25kgf·cm。

如果电动机的扭矩较小，在使用时发生堵转，通过电动机的电流会比正常工作时大很多，长时间堵转电动机就会发热损坏，所以电动机运转时不要用手去攥住轮子。

电动机可以通过与减速器结合来增大扭矩。减速器的内部是齿轮传动结构或是蜗轮蜗杆传动结构，带有减速器的电动机被称为减速电动机。减速电动机的扭矩增大，但是转速会降低。减速电动机的减速器如果在运行时噪声很大或者出现卡死的情况，就是减速器损坏了，可以卸下来进行维修或是替换。

2.8.2　舵机

舵机（图 2-178）是一种可以控制旋转位置的装置，它是由电动机、电路和减速箱组成的。舵机的精度很高，应用范围也很广，在人形机器人、机械臂、固定翼飞机等场合都能见到舵机的身影。与直流电动机不同的是，舵机不会一通电就开始工作，舵机要根据控制信号决定转动的位置。舵机有三根线，其中的红黑线分别连接电源的正负极，另外一根是信号线，接收控制器发送的控制信号。

图 2-178　舵机

舵机的控制方式是 PWM，但是控制舵机的脉宽和周期是有明确要求的。一般使用没有特殊说明的 180°舵机，它的控制周期是 20ms，当高电平持续时间在 0.5～2.6ms 范围内，舵机会转动对应的角度（0°～180°），常用角度对应的脉宽如图 2-179 所示。舵机的转动是转动到一个固定的位置，而不是从当前位置再转动多少角度，所以当发送信号控制舵机转动到 90°位置，舵机会停留在这个位置不变，而不是一直旋转下去。如果舵机一直旋转，那么这个舵机就是 360°的旋转舵机，并不是普通舵机。

如果发送的脉宽不在规定的范围，舵机是不会转动的。舵机一般都有硬件限位，在舵机不上电的时候，转动舵机轴到一定位置后会被卡住。扭矩也是舵机的关键参数，舵机的减速箱较小，所以扭矩一般低于减速电动机。

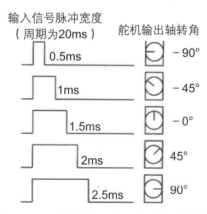

图 2-179　舵机转角与信号脉宽的对应关系

2.8.3　步进电动机

步进电动机（图 2-180）是一种运行精度很高的电动机，它根据输入的脉冲信号来控制电动机运行的角度，在 3D 打印机、激光雕刻机上使用的就是步进电动机。当步进电动机接收到控制信号后，电动机就会运转一个固定的角度，这个角度被称为

"步距角"，步进电动机的运转是以步距角一步一步转动的，也因此得名。步进电动机的内部有一个永磁的转子，电动机的轴就与这个转子相连。步进电动机内部还有线圈，当电流通过线圈时，线圈会产生磁场，步进电动机中线圈的组数称为相数。

图 2-180　步进电动机

以两相步进电动机为例介绍步进电动机的工作原理。图 2-181 中上下两个线圈是步进电动机的 A 相，左右两个线圈为 B 相。左上角为第一个阶段，A 相绕组通电流产生磁场，永磁转子根据异性相吸的原则转动；右上角为第二个阶段，B 相通电 A 相断电，转子继续转动；左下角为第三个阶段，A 相接通反相电流，磁场与第一阶段相反，转子继续转动；右下角为第四阶段，B 相通反相电流，产生与第二阶段相反的磁场，转子运动。永磁转子在电动机内就是这样被控制运动的，如果想要控制电动机反转，只需要将四个阶段反过来执行即可。

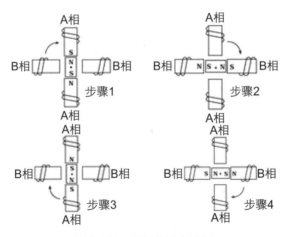

图 2-181　两相步进电动机

除了每次给单相通电之外，也可以单双相通电相结合，通过控制线圈磁场，控制永磁转子每次只前进半步，如图 2-182 所示。其他更多相的步进的控制原理也是一样的。

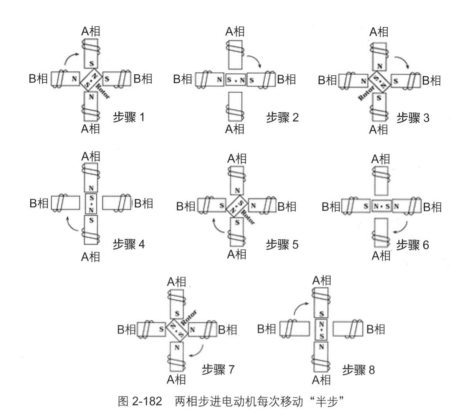

图 2-182 两相步进电动机每次移动"半步"

2.8.4 伺服电动机

伺服电动机也是一种精度很高的电动机，它每收到一个脉冲便会控制电动机前进一步，脉冲持续发送电动机才能持续前进，脉冲发送得越快电动机运动得越快。伺服电动机的内部有反馈机制，负责判断电动机执行前进的次数是否与控制器发送的脉冲个数匹配。如果不匹配，电动机会进行矫正。

伺服电动机有自己匹配的驱动器，驱动器一般需要接收两种控制信号，分别是脉冲与方向。脉冲控制伺服电动机运行的角度与速度；方向信号线一般接高电平正转，接低电平反转。伺服电动机发送脉冲的频率越高，电动机转速越快，但是电动机的扭矩就越小。

图 2-183 伺服电动机及其驱动器

伺服电动机的驱动器上会有一个拨码开关，用来调整伺服电动机的细分数，例如细分数 800、3200、6400 等。所谓细分数，就是伺服电动机接收这么多脉冲会转动一圈。如图 2-183 所示为伺服电动机及其驱动器。

2.8.5 空心杯电动机和螺旋桨

图 2-184　空心杯电动机

空心杯电动机（图 2-184）的转速非常高，在微型多旋翼飞行器和个人随身装备上应用很广。微型四旋翼上使用的空心杯电动机体积很小、重量很轻，同时也比较脆弱，底部的塑封比较容易与金属外壳脱落，虽然可以重新安装回去，但是安装的位置很可能会与原来有偏差，影响电动机性能。

四旋翼上使用的空心杯电动机转速可达 45000～55000 r／min。高转速的同时意味着电动机的扭矩很小，所以空心杯电动机用在无人机上时，应当选择合适的螺旋桨叶。较大的桨叶可以提供较大的升力，也要求电动机的扭矩更大一些。

图 2-185　正反桨

多旋翼的桨叶是分正反桨（图 2-185）的，因为螺旋桨转动后不仅产生升力，它还会对机身产生一个扭矩，正反桨的作用就是抵消掉这个扭矩。正反桨安装时只需要记住一点：相邻的两个桨叶相反，对于四旋翼、六旋翼都是这样。

2.8.6 无刷电动机和电调

无刷电动机（图 2-186）是指没有电刷的电动机，电刷是电动机上用来换向的装置，无刷电动机通过结构上的改变，不需要使用电刷进行换向。无刷电动机比普通电动机的热损耗和噪声要小，适合在航模等设备上使用。我们平时见到的无人机都是使用无刷电动机作为升力来源。

电调（图 2-187）就是无刷电动机的驱动器。电调的红黑线连接航模电池的正负极，航模电池是无刷电动机的电能来源。三根蓝色的线连接无刷电动机，如果电动机的转向与期望相反，则调换其中两根线的连接。剩下三根较细的线与舵机的三根线相似，红黑连接+5V 与 GND，剩余一根为信号线，这三根线一般与航模遥控器的接收器相连，如果是自主飞行的无人机，这根线要与控制器相连。

图 2-186　无刷电动机　　　图 2-187　电调

2.8.7 振动电动机

振动电动机听起来好像有些陌生，其实手机的振动就是振动电动机发出的。振动电动机的轴上有一个偏心轮，电动机转动后，由于偏心轮的存在，会使电动机产生较大幅度的振动。图 2-188 所示为振动电动机的内部结构，图 2-189 所示为另一种常见的振动电动机。

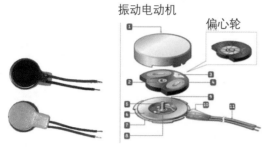

图 2-188　振动电动机的内部结构

图 2-189　另一种常见的振动电动机

2.8.8 电磁铁

电磁铁（图 2-190）在生活中十分常见，例如电磁铁门禁、电磁起重机、电磁继电器等。电磁铁在通电后会产生磁场，可以吸附磁性物质。可以基于电磁铁制作物流分拣的机器人。

图 2-190　电磁铁

2.8.9 其他装置

还有许多在生活中常见的装置可以用在机器人系统中，例如使用风扇吹灭火焰，利用制冷片降低物体的温度，使用加湿器或水泵给植物浇水等。这些装置内部没有控制芯片，通电后便会开始工作。如果想把它们使用在机器人系统中，不需要更改它们的电路，实现对它们的控制并不是一件复杂的事情。对于这些装置的使用，只需要确认其工作电压与电流就可以了。

1 加湿器：小型的加湿器功率较小，控制起来更方便。常见的加湿器是通过USB 口供电的，而 USB 口的输出电压为 5V，这样即使我们不查阅加湿器的参数，也可以得到它的工作电压，如图 2-191 所示。加湿器的工作电流较大，控制器的 I / O 口无法直接驱动，其实一般的设备都无法用控制器的 I / O 口直接驱动。如果不想自己焊接三极管或者场效应管驱动电路，可以使用 L298N 电机驱动模块来驱动加湿器。

图 2-191　USB 加湿器

L298N 模块接入 12V 电源，输入端连接控制器 I / O 口，输出端连接加湿器。控制器的供电可以使用 L298N 模块输出的 5V 电源。需要注意的是，如果控制器没有使用 L298N 提供的电源，那么控制器的 GND 一定要与 L298N 的 GND 连接在一起。如果控制器的 GND 不与 L298N 的 GND 相连，那么控制器 I / O 口发送的高低电平信息就不能被 L298N 模块识别。之前介绍过，电压是相对的而不是绝对的，虽然两个 GND 都是"0V"，但是这个"0V"是人为规定的，GND 不连接在一起，控制器发送的控制信号就是没有意义的。这种不同模块间 GND 连接在一起的方式称为"共地"。

②风扇：风扇（图 2-192）的控制其实就是对电机的控制，也可以使用 L298N 模块进行驱动。这里再介绍一下通过电磁继电器来控制设备的方式。电磁继电器的输入端按照模块要求接入电源（5V、9V、12V、24V 等输入），输出端也有 5V、12V 等选择，使用时要根据负载的工作电压进行选择。选择好合适的继电器模块后，控制器 I / O 口就可以控制继电器的断开与闭合了。这里同样要注意，控制器要与继电器模块共地。

图 2-192　散热风扇

③制冷片：制冷片（图 2-193）的工作电压为 12V，但是制冷片的功率很大，所需的电流较大，一般在 4A 以上。L298N 模块和常见的继电器模块不能驱动制冷片，需要使用驱动能力更强的模块或继电器进行驱动。制冷片使用时两面会有温差，一面制冷一面发热，发热面一定要涂抹导热硅胶并连接散热器，否则通电时间不能超过 3s，并且极易烧坏制冷片。

图 2-193　制冷片

2.8.10 手爪

常见的机械手爪有夹持的也有仿生的。夹持手爪的夹子只能水平张开与闭合，仿生手爪可以实现抓握的动作。图 2-194 所示的夹持手爪利用了平行四边形的连杆机构，舵机装入手爪后与一个齿轮同轴，舵机转动后，这个主动齿轮会带动另一个从动的齿轮，两个齿轮带动各自的四边形连杆结构，夹子就可以实现水平的开合了。图中能够看到的所有螺钉都不能完全拧死，拧得过紧会使阻力变大，可能会导致舵机堵转，所以在使用时，这些位置需要加垫片来减小摩擦力。

我们再来看一下图 2-195 中的夹持手爪，舵机轴的安装位置在结构的中心，利用曲柄滑块的结构控制夹子水平打开与闭合。同样的，连杆这些位置的螺钉需要加垫片减小摩擦力，其他位置的螺钉需要固定牢靠。

四边形连杆结构

图 2-194 手爪（一）　　图 2-195 手爪（二）

仿生机械手（图 2-196）的结构更柔性一些，机械手每一根手指中都有一根弹性绳，相当于人类手掌的韧带，也就是"筋"。舵机牵动弹性绳收紧，对应的手指便会蜷缩，同时控制多个手指便可以实现抓握的动作。有的仿生机械手每根手指都有一个舵机进行控制，但更常见的是使用一个舵机控制五根手指。

图 2-196 机械手

2.8.11 机械臂

机械臂在工业生产中应用非常广泛，如图 2-197 所示。机械臂机器人可以实现许多功能，例如分类、码垛、写字等。机械臂是由一个个关节组成的，关节较多的机械臂更加灵活，但控制起来会更复杂。

机械臂的底部一般是一个可以旋转的云台，提供支撑并且带动整个机械臂转动。其他的舵机

图 2-197 工业机械臂

可以理解为肩关节、肘关节和腕关节。在形容机械臂时，一般不会使用关节这个词，

用到更多的是自由度。在三维空间中的物体具有六个自由度，分别是物体在 X、Y、Z 三个轴方向上的移动和物体绕三个轴的旋转，如图 2-198 所示。物体在空间中的运动可以拆分到这六个自由度上，这六个自由度相互之间是没有干扰的。反过来，将物体在六个自由度上的运动分量进行叠加，也能够得到物体的真实运动。

对于机械臂（图 2-199）的控制，一般有两种方式。较为简单的方式是根据所需要的位置，直接控制每个舵机转动一定的角度，这种控制方式更容易编写代码，不需要进行运算。另一种控制方式的适应性更强，就是通过机械臂末端期望的位置反解出每个舵机的角度，然后控制器对每个舵机进行控制。这种方式的运算较为复杂，需要具备矩阵运算或者三角函数运算的能力，并且由于每个机械臂的结构不同，可能存在机械臂末端不能到达位置的情况。使用机械臂时需要根据应用场景来选择合适的控制方式。

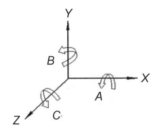

图 2-198　三维空间坐标系

图 2-199　机械臂

2.8.12　履带

图 2-200　坦克履带

地面上的移动机器人一般有三种移动方式——轮式、足式与履带式。履带可以适应复杂的路面环境，坦克上应用的就是履带，如图 2-200 所示。履带比轮式和足式与地面的接触面积更大。履带轮的齿一般会做得比较深，也会有许多导轮卡紧履带，这样在转弯时履带不容易脱落。

履带式机器人转弯是通过两排履带的差动实现的。如果两排履带转速相等、方向相反，机器人就会原地打转；如果两排履带方向一致，但是速度有差别，那么机器人的运行就是一个弧线。

2.8.13　悬挂装置

车辆的悬挂装置（图 2-201）是一种很实用的减振装置，通过弹簧或者阻尼器，减轻车轮振动对车身造成的影响。在家庭和工厂的场景中，地面上会有电线或者轨道，如果机器人装有悬挂装置，机身的稳定性便会提高很多。

火星探测车（图 2-202）为了适应复杂的地面，也使用悬挂装置来减振。探测车上装有拍照、摄像用的相机，如果摄像机抖动很严重，就会使得到的图像信息变得模糊。

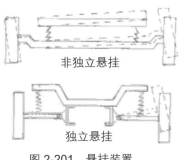

非独立悬挂

独立悬挂

图 2-201　悬挂装置

图 2-202　火星探测车

2.8.14 万向轮和常见的轮式底盘

万向轮（图 2-203）与普通轮子最大的区别是它的上面有许多小的从动轮。普通轮子在机器人上只能动，万向轮安装在机器人底盘上之后，朝任意方向推动机器人，万向轮都可以向推动方向运动。

我们在这里为大家介绍轮式机器人各种移动底盘的使用方式与对比。最常见的移动底盘是两轮差动的，由两个主动轮和支撑结构组成，如图 2-204 所示。两轮的小车控制起来十分容易，我们通过表 2-2 来理解它的运动方式。

图 2-203　万向轮

图 2-204　两轮移动底盘

表 2-2　两轮底盘的运动方式

小车状态	左轮方向	右轮方向
前进	前进	前进

续表

小车状态	左轮方向	右轮方向
后退	后退	后退
原地左转	后退	前进
原地右转	前进	后退
左前转向	较慢前进	较快前进
右前转向	较快前进	较慢前进

图 2-205　飞思卡尔大赛摄像头组
巡线车

图 2-205 中的小车是飞思卡尔智能车竞赛摄像头组巡线车，它使用摄像头检测白色地图上的黑线，通过图像处理的算法判断小车应该前进还是转向。它的底盘与汽车底盘是一样的，两个后轮提供动力，前面通过一个舵机控制连杆调整转向。这种结构的底盘转弯半径很大，在很多时候会显得不太灵活。

普通轮子制作的底盘，如果想要到达侧面的位置，实现起来是

图 2-206　三轮全向移动底盘

比较麻烦的。但是全向移动的底盘可以很好地解决这个问题。万向轮的全向移动底盘一般是三轮（图 2-206）或者四轮的，电机与轮子等间距排布在一个正圆上。全向移动底盘可以在地面上朝着 360°的任意方向前进并同时旋转，不过这需要建立坐标系并进行三角函数运算，所以控制起来比两轮的底盘稍复杂一些。我们还是先通过表 2-3 理解它的运动方式。

表 2-3　三轮全向移动底盘的运动方式

小车状态	左轮状态	右轮状态	后轮状态
前进	前进	前进	停止
后退	后退	后退	停止
左平移	后退	前进	两倍速度向左
右平移	前进	后退	两倍速度向右
左前方 60°	停止	前进	向左
右前方 60°	前进	停止	向右

接下来我们介绍三轮全向移动底盘的运动解算。

第一步：想要控制三轮全向移动底盘，首先要确认输入量是哪些参数。底盘在平面内可以平移和旋转，规定好底盘平移的方向、速度和旋转情况，底盘的运动状态就确定下来了。所以输入量包含两个方面：底盘移动的方向与速度、底盘旋转的方向与速度。

第二步：在全向移动底盘中，只能控制左轮、右轮与后轮三个电机的转速，所以要通过控制三个电机的转速让底盘按照期望来运动。在机器人系统中，输出量是三个电机的转速。

第三步：

1 为了得到输入量与输出量之间的对应关系，首先需要确立坐标系、规定正方向。通常选取底盘的前后方向为 Y 轴，Y 轴正方向朝前；选取底盘左右方向为 X 轴，X 轴正方向朝右；原点为底盘中心点。接下来规定底盘逆时针转动为正方向，也就是说轮子朝逆时针方向的速度为正，顺时针方向为负。

2 然后将底盘的运动分解在所有自由度上。在平整地面上运动的底盘总共有三个自由度，分别是沿 X 轴、Y 轴方向的运动和绕 Z 轴的旋转。根据底盘前进的速度与方向，可以通过三角函数计算出在 X 轴和 Y 轴上对应的速度分量。例如底盘的合速度大小为 v，与 Y 轴顺时针夹角为 α，那么 X 轴上的速度分量 v_x 就是 $v\sin\alpha$，Y 轴上的速度分量 v_y 就是 $v\cos\alpha$。底盘在绕 Z 轴旋转这个自由度上的速度分量 ω，就是输入量给出的旋转角速度和方向。

3 每个轮子的速度同样是由三个自由度上的分速度叠加而成，可以发现每个轮子和底盘整体移动的方向、速度都是一样的，所以每个轮子在三个自由度上的分速度也是 v_x、v_y 和 ω。

4 轮子上的分速度 v_x、v_y 与轮子转动方向有夹角，v_x、v_y 可以分解为两部分：与轮子转动方向重合、与轮子转动方向垂直。与轮子转动方向垂直的这部分速度，被万向轮上面的从动轮消耗掉了，与轮子转动方向重合的这部分速度，就是需要通过电机的转动来产生的。轮子的速度和电机的转速是不同的概念，我们通过分速度计算得到的，是轮子上的线速度。轮子的线速度除以轮子的半径，就可以得到电机转动的角速度，而电机的角速度正是我们需要控制的参数。我们将 v_x 与 v_y 需要电机提供的两个速度相加，再加上旋转所需电机提供的转速，就得到轮子的合速度了，也就得到电机对应的转速了。

5 v_x 与 v_y 分量上需要电机提供的速度是通过三角函数计算得到的。旋转分量需要电机提供的速度，是根据线速度与角速度的关系"线速度 = 半径×角速度（弧度制）"得到的，其中的半径为轮子中心到底盘中心的距离，这个距离是通过测量得到的，记为 L。最后，将三个速度进行叠加（注意方向性），就得到每个轮子真实的线速度了，用线速度除以轮子半径，就得到要求的每个电机的运转速度了。

6 到这里，就得到输入量"底盘移动的方向与速度、旋转的方向与角速度"与输出量"左轮、右轮与后轮三个电机的转速"之间的关系了。它的运算公式如下：

$$v_{左轮线速度} = -\frac{1}{2}v_x - \frac{\sqrt{3}}{2}v_y + L\omega$$

$$v_{右轮线速度} = -\frac{1}{2}v_x + \frac{\sqrt{3}}{2}v_y + L\omega$$

$$v_{后轮线速度} = v_x + L\omega$$

这个公式可以转换成代码应用在控制程序中。通常我们不会让机器人在平移的同时做旋转运动，所以 $L\omega$ 也一般为 0。

上面的计算是在理想的条件下进行的，如果万向轮与地面发生打滑，机器人的运动轨迹就难以控制；如果机器人重心的投影不在底盘的圆心时，也就是当机器人的重量分布很不均匀时，应该调整机器人的配重，或者将机器人偏重一侧的电机速度适当调快。万向轮上使用的从动轮对轮子的性能影响很大，当万向轮转动时，从动轮不发生转动并且要提供足够的摩擦力，否则轮子就会打滑；当万向轮被拖动时，从动轮转动，如果从动轮转动时摩擦力过大，机器人的运动同样会受到影响。可以看出，从动轮使用的材料与质量，对其性能有很大的影响。万向轮主动转动时，从动轮在这个方向上提供的摩擦力要尽量大，而在万向轮被动转动时，从动轮转动的摩擦力要尽量小。

除了三轮全向移动底盘，常见的还有四轮全向移动底盘，它的四个轮子分别分布在一个正方形四条边的中点上，它的运动解算方式与三轮类似，这里不再推导。全向移动底盘的灵活性很好，更容易在狭小的空间中运动，所以在各类智能机器人与家庭服务机器人上十分常见。

2.8.15 麦克纳姆轮

接下来我们介绍一种可以搭建全向移动底盘的轮子——麦克纳姆轮。麦克纳姆轮是由瑞典麦克纳姆公司设计制造的，也因此得名。麦克纳姆轮与普通万向轮最大的区别在于它的从动轮不是水平地嵌入轮毂中，而是与轮毂有一个夹角。如果在粗糙的地面上放置一个麦克纳姆轮，然后轻轻地推一下，麦克纳姆轮跑出的轨迹会是一条弧线。这也就是说，电机带动麦克纳姆轮旋转时，轮子给机器人一个斜前方的力。麦克纳姆轮底盘要安装四个轮子，安装位置像汽车轮子一样，但是底盘的转向是直接通过控制电机正反转实现的，如图 2-207 所示。

图 2-207　麦克纳姆轮底盘

　　麦克纳姆轮是区分左右的，最常用的安装方式是四个轮子的从动轮都朝向车身外侧各自的斜前方，也就是底盘中心与轮子所在位置的连线方向，如图 2-207 所示。按照上述的安装方式，麦克纳姆轮底盘的运动参考见图 2-208。如果想要控制底盘朝其他角度运行，需要通过计算来获取。计算方式与万向轮底盘相似，将每个轮子三个自由度上的速度进行叠加，然后得到电机的转速。

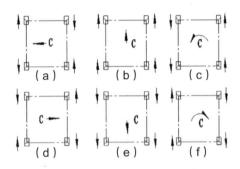

图 2-208　麦克纳姆轮底盘运动示意

　　以 45°的麦克纳姆轮为例介绍计算流程。规定底盘左右方向 X 轴速度分量为 v_x、前后方向 Y 轴速度分量为 v_y；底盘旋转的角速度为 ω 并且逆时针方向为正向。另外规定轮子在 Y 轴方向与中心的距离为 b，在 X 轴方向与中心的距离为 a。四个轮子中心的线速度容易获得，因为轮子的坐标轴与底盘的坐标轴没有旋转夹角，所以底盘在 X 轴、Y 轴上的速度分量再加上旋转角速度在 X 轴、Y 轴上的分量，就得到了轮子中心在 X 轴和 Y 轴上的速度。

　　因为从动轮与轮毂有 45°的夹角，所以轮子转动后，从动轮会将轮毂的速度转变成两个分速度，其中一个速度是与从动轮的轴平行的，另一个是与轴垂直的。与轴垂直的这部分速度不是因为轮子所在电机运转而产生的，是被其他轮子拖行产生的，所以不需要加入计算。与从动轮轴平行的这部分速度，是需要通过电机运转产生的主动速度。计算得到轮子中心的三个速度分量，然后分别计算它们在从动轮轴平行方向上的分量，最后进行叠加就得到轮子的转速了。

　　为了便于理解上面介绍的，与从动轮轴平行的速度是需要电机提供的主动速度，与从动轮轴垂直的速度是被动速度，我们观察图 2-209 可以发现，与从动轮轴平行的方向，其实就是轮子提供摩擦力所在的方向，而在垂直轴的方向的速度，不能提供摩擦力来改

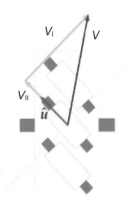

图 2-209　从动轮摩擦力方向

变机器人运动的方向。

最终得到的计算结果是：

左前轮电机转速 $= v_x + v_y - \omega(a+b)$

右前轮电机转速 $= -v_x + v_y + \omega(a+b)$

左后轮电机转速 $= -v_x + v_y - \omega(a+b)$

右后轮电机转速 $= v_x + v_y + \omega(a+b)$

2.8.16 多足机器人

图 2-210　六足机器人

地面移动的机器人最常见的三种方式就是履带式、轮式与足式，接下来介绍足式机器人。多足机器人相对于双足机器人，重心更稳定所以控制更简单。波士顿动力公司设计制作的"大狗"机器人就是四足机器人，常见的蜘蛛机器人是六足或八足机器人。蜘蛛其实有八条腿，但由于人们习惯了这样称呼，所以六足与八足机器人都被称为蜘蛛机器人，如图 2-210 所示。

六足机器人最常用的控制方式是三角步态，这是根据观察六足昆虫的爬行姿态得到的。三角步态将六足分为两组，其中 2、4、6 为一组，1、3、5 为一组（图2-211）。图 2-211 中表示的就是六足机器人前进的流程：

(a)→(b)：1、3、5 号腿支撑，另一组腿抬起并向前。

(c)：支撑腿转动根部，机器人重心前移。

(d)→(e)：2、4、6 号腿落地起支撑作用，1、3、5 号腿腿抬起并向前。

(f)：2、4、6 号腿转动根部，机器人重心前移。

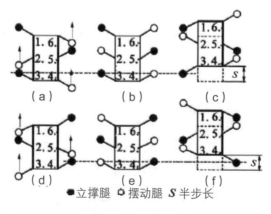

图 2-211　三角步态

六足机器人转向也是通过类似的方式实现：首先一组腿支撑，另一组腿抬起，并且根部都顺时针或者逆时针旋转同样的角度，然后这组摆动腿落地支撑，原来的支撑腿抬起，按照同样的方向旋转，六足机器人就可以转向了。

2.8.17　双足机器人

因为双足机器人的重心偏移更多，所以以双足机器人的控制比多足机器人要复杂。双足机器人行走时需要将一条腿抬起，只使用另一条腿保持平衡，想要实现稳定的步行，必须要对步态合理地规划。当双足机器人行动较慢时，它稳定行走的条件是：机器人重心在地面上的投影点要落在脚面上；当机器人行走速度较快时，机器人的惯性力与重力的合力在地面上的投影点要落在两个脚面连线构成的多边形内。这种判断机器人稳定的方法叫做零力矩点（ZMP）法。如图 2-212 和图 2-213 所示。

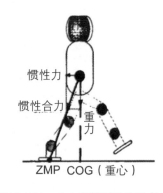

图 2-212　合力在地面的投影点

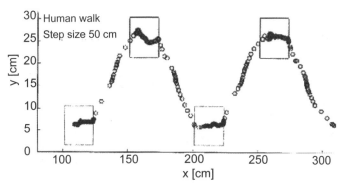

图 2-213　人类行走时的合力投影点的变化

第 3 章

机器人的内部程序

Hello World！

在计算机与计算机程序出现之前，人类经历了两次工业革命，蒸汽机与电力的广泛使用给人们的生产和生活带来的深刻的变革。这两次工业革命更像是人类对四肢进行了延伸，机器和设备用以代替人力去完成繁重单调的工作。因为计算机的出现带来的第三次科技革命和人工智能飞速发展将带来的第四次科技革命，机器已经可以完成复杂的识别、智能的决策、精准的定位，这已经是人类大脑的延伸了。

在这部分内容里，我们将会了解程序是如何控制机器人运转的，也会把图形化编程和 C 语言代码穿插进行讲解。

学习目标

① 掌握编程的相关概念与编写流程；
② 学习图形化编程与 C 语言代码；
③ 学习乐高 EV3 控制器与 Arduino 相关控制器的编程；
④ 了解机器人常用的算法。

3.1 综述

我们对机器人的搭建已经有了较为全面的认识了，接下来我们要给机器人编程了，那么什么是编程，编程可以给机器人带来什么功能呢？

人们通过编写一些控制器或者计算机（电脑）能"听得懂"的语言，告诉机器人"应该做什么""怎么去做"，从而让机器人执行特定的任务，比如运算、决策、运动等，这种控制器能够"听得懂"的语言就叫做编程语言，也称为程序语言。不仅机器人的控制离不开人们编写的程序，在日常生活中，具有指纹识别功能的门锁、家用电器的控制器、公交车的刷卡系统等，也都离不开程序的控制。我们越来越智能化的生活，依赖程序的帮助。

编程的目的是让计算机和控制器按照设计者的意愿，去获取并处理数据信息，然后通过自身的接口或者通信方式让机器人执行动作。图形化的编程语言或是代码形式的编程语言，都只是实现对机器人控制的工具，只要这个工具能够达到目的就可以选用它，所以通常情况下使用最熟悉的编程语言。如图 3-1 所示为图形化编程，图 3-2 所示为 C 语言代码编程。

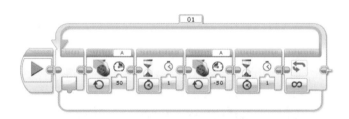

图 3-1 图形化编程

常见的图形化编程语言有乐高 EV3 的编程语言、Scratch、Ardublockly 等。图形化编程是把运算、逻辑等功能制作成一个个模块，编写程序时需要把这些模块拖拽到编程区域里进行组合，去实现想要的功能。常用的代码式的编程语言有 C 语言、C++、Python 等，这些语言有许多相通的地方，只需学习

```c
//你好，世界！
#include <stdio.h>
void main()
{
    printf("Hello, World!\n");
}
```

图 3-2 C 语言代码编程

其中一种就能够掌握编程的基本思想和通用的概念与知识。本书选取 C 语言作为示例，许多高校也是使用 C 语言作为编程的入门语言，这是因为 C 语言编程规范且使用广泛，在机器人领域的应用也是如此。下面我们就进入 C 语言的世界吧。

　　C 语言是一种十分流行的计算机编程语言，从 2009 年至今 C 语言在世界编程语言排行榜上从未跌出前三名。C 语言的应用场景十分广泛，它是一种面向过程的高级语言，也是计算机编程中最重要的基础语言。C 语言不仅能够完成复杂的数学计算，也能用于应用软件的开发。我们平时用到的 QQ、微信等软件都离不开 C 语言的编程。

　　一个 C 语言程序，可以是简简单单的几行，也可以是数百万行。下面，我们从一个经典的例子来体会 C 语言的魅力。

[例 3.1] Hello, World!

```
//你好，世界！
#include <stdio.h>
void main()
{
    printf("Hello, World!\n");
}
```

3.2 认识程序的框架

　　例 3.1 这个程序的功能是在计算机上显示出"Hello, World!"这句话，如图 3-3 所示，下面我们来分析每一行的含义。

图 3-3　运行结果显示"Hello, World!"

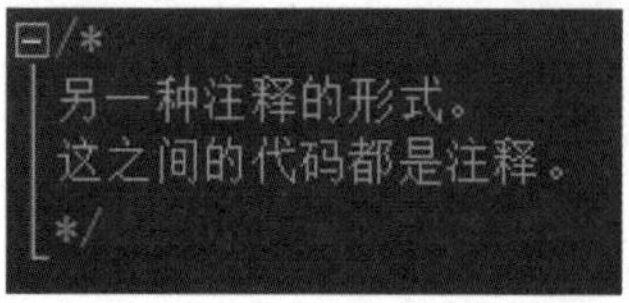

图 3-4　第二种注释的方式

　　第一行"//你好，世界！"是一段注释，在程序中增加注释是为了描述和解释代码的含义。双斜杠"//"后面一行的字符都是注释，注释不会使计算机和控制器产生实际的操作，也不会参与编译。另一种注释的方式是把字符放在"/*"与"*/"之间，例如图 3-4 所示，这种注释方式是可以跨行的。

第二行"#include <stdio.h>"的功能是把文件"stdio.h"导入到程序当中，这样一来就可以使用 stdio（标准输入输出）的相关代码了。后续程序中出现的 printf 函数就是 stdio 中定义的，也就是说如果不添加文件"stdio.h"，后面就不能使用 printf 这个功能函数。"#include"是把文件包含到代码中的操作指令。

接下来是程序中十分重要的一段代码，也就是图 3-5 中所示的主函数了。主函数是执行程序的入口，程序将从这里开始一行一行执行。"void main()"中 main 是指主函数的意思，在程序中必须要有并只能有一个 main 函数，而 main 后面的括号里是主函数中的参数，这里通常是空白的。void 的中文意思是"空的"，表示主函数是 void（空）类型，也就是说主函

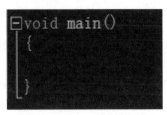

图 3-5　主函数

数运行后没有返回值。"{ }"两个大括号之间的内容是主函数中的程序代码。

程序例 3.1 的主函数中只有一行代码"printf("Hello, World!\n");"。printf 函数的功能是输出信息，输出的内容就是"Hello, World!"，加上换行符"\n"进行换行。末尾的分号";"表示一句代码的结束，这是 C 语言的编写规则所要求的。

在提到 printf 时出现了函数的概念，函数是由一些代码组成的功能模块，函数写完之后就可以在程序中重复调用了。关于详细的函数知识将在后续内容讲解。

通过上面的示例，我们对程序的框架有了初步的认识，下面来把这些内容总结出来。

1️⃣ 一个 C 语言程序需要包含一个主函数，并且只允许有一个主函数。

2️⃣ 每一行代码的结尾都要有分号";"。

3️⃣ 可以在程序中添加其他文件，调用其中的函数为我们所用。

4️⃣ 程序中可以添加注释，用来解释说明代码的含义。

5️⃣ 有一点需要注意，所有的代码都是英文字符，不可以使用中文字符。

3.3　认识编译环境／编译器

用来编写程序的软件就是编译环境，也叫做编译器。通常我们是在计算机上完成代码的编写，例如示例程序"Hello, World!"就是在 Microsoft Visual Studio 2015（简称 VS 2015）环境下编写的。Visual Studio 是微软公司开发的编程工具，功能丰富并且支持多种编程语言，也是本书后面编写 C 语言代码时使用的一种编译器。

对于大部分读者来说，在机器人制作时只涉及控制器的代码编写，并没有使用计算机来实现更复杂的功能，例如采集摄像头数据进行图像处理、读取麦克风阵列数据进行声源定位等。计算机储存和处理数据的能力要强过控制器，所以想要制作更加智

能、功能更加复杂的机器人，学好 C 语言编程是十分重要的。

　　介绍完了计算机编程的编译器，我们来介绍 EV3 控制器与 Arduino 控制器的编译环境。EV3 控制器最常用的是图形化编程界面（图 3-6），EV3 也支持使用 RobotC 编程环境进行 C 语言编程。图形化编程适合入门，可以让使用者尽快地熟悉程序编写的流程和基础的功能模块。图形化编程界面降低了编程的学习难度，减少了人们对编程学习的畏难情绪，是教学的良好选择。

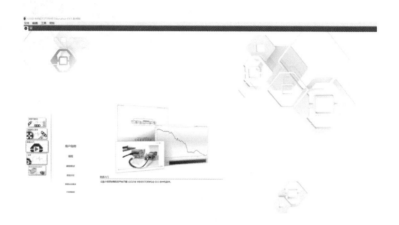

图 3-6　EV3 的编程界面

图 3-7　Arduino IDE

　　Arduino 控制器是目前最流行的开源硬件之一，是由意大利人 Massimo Banzi 设计制作的，在世界范围内都有十分广泛的应用。Arduino 具有图形化编程的界面，例如麻省理工学院（MIT）开发的 Scratch 和基于 Google Blockly 的图形化编程工具 Ardublockly。Arduino 也有其 IDE（integrated development environment，集成开发环境）用于 C 语言代码的编程开发，如图 3-7 所示。需要完成功能复杂的代码时，使用图形化的编程就会变得烦琐并且不直观，这时就不可避免地要用到代码式的编程了。

　　我们强调了编程的重要性，同时计算机与控制器编程都需要用到 C 语言代码的编写，那么我们来继续学习 C 语言的相关知识吧。

3.4 基本元素

代码由各种基本元素组成，例如关键字、标识符、常量、变量、运算符、符号、函数、注释等，我们再来看一段示例程序。

[例 3.2] 做一个加法运算。

```
/*
例 3.2
*/
#include <stdio.h>
void main()
{
    int a, b, c; // 整型变量
    a = 1;
    b = 2;
    c = a + b;
    printf("c = %d\n", c);
}
```

我们来解释一下这个程序："#include <stdio.h>"是添加标准输入输出头文件，在以后的 C 语言编程中，如果需要在计算机上输入、输出信息，都要在第一行加上这一条语句。

void main() 是主函数，是整个程序的入口，程序从这里开始执行，主函数之内的代码要用大括号"{}"括起来。

下面来看大括号里的程序。"int a, b, c;"这句话的功能是定义了 a、b、c 三个整数型变量。int（integer，整数）是对 a、b、c 的一种说明，它的作用是告诉计算机 a、b、c 是整数类型的变量。接下来，程序对 a 赋值为 1，对 b 赋值为 2，再把 a 加 b 的和赋值给 c。最后通过 printf 函数让计算机在控制台输出 c 的运算结果。

程序中的 printf 函数与例 3.1 中是有区别的，函数中的"%d"表示 printf 要在这里输出显示一个整数类型的参数，而这个整型参数是符号","后面的变量 c。当运行这个程序的时候，我们看到的显示结果是"c = 3"，如图 3-8 所示。

在这段并不长的程序中，出现了许

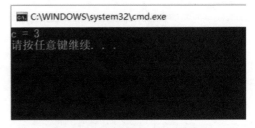

图 3-8　程序显示 c 的运行结果

多程序的基本元素：

1 关键字，void、int。

2 标识符，a、b、c。

3 常量，a、b。

4 变量，c。

5 运算符，加法运算符"+"。

6 函数，主函数 main、输出函数 printf。

7 符号，分号";"、百分号"%"、逗号","。

8 注释。

3.4.1　关键字

关键字又称为保留字，是已经被 C 语言本身占用，不能作其他用途的字符。例如关键字不能用作变量名、函数名等。表 3-1 列出了 C 语言中全部的关键字及作用。这些内容在后面的编程中会经常使用。

表 3-1　C 语言关键字及作用

关键字	作用
auto	声明自动变量
double	声明双精度变量或函数
typedef	给数据类型取别名
register	声明寄存器变量
short	声明短整型变量或函数
char	声明字符型变量或函数
const	声明只读变量
static	声明静态变量
int	声明整型变量或函数
struct	声明结构体变量或函数
unsigned	声明无符号类型变量或函数
volatile	声明变量在程序执行中可被隐含地改变
long	声明长整型变量或函数
union	声明共用体数据类型
signed	声明有符号类型变量或函数
void	声明函数无返回值或无参数，声明无类型指针
float	声明浮点型变量或函数

关键字	作用
enum	声明枚举型
extern	声明变量是在其他文件正声明
if	条件语句
else	条件语句否定分支（与 if 连用）
switch	开关语句
case	开关语句分支
for	一种循环语句
do	循环语句的循环体
while	循环语句的循环条件
goto	无条件跳转语句
continue	结束当前循环，开始下一轮循环
break	跳出当前循环
default	开关语句中的"其他"分支
sizeof	计算数据类型长度
return	子程序返回语句（可以带参数，也可不带参数）循环条件

3.4.2 标识符

标识符是用户在编程时使用的名字，对于变量、常量、函数都要有自己特有的名字，例如程序中给两个常量起的名字为"a"和"b"，给变量起的名字为"c"，这些统统称为标识符。标识符可能是数字、字母、符号，也可以是上述元素的组合。一个标识符以字母 A~Z 或 a~z 或下划线"_"开始，后跟字母、下划线或数字 0~9。C 语言标识符内不允许出现标点字符，比如 @、$ 和 %。C 语言是区分大小写的编程语言，因此在 C 语言代码中"Robot"和"robot"是两个不同的标识符。

下面给出几个有效的标识符作为参考：

Robot_Speed、i、FLAG、temp、move_angle、a_123、myname01、_temperature、a23b9、LightVal。

再来看几个无效的标识符：

123、/13、123a、ds@、<we23>。编译器会把错误的地方用红色波浪线标记出来，例如图 3-9 所示。

```
int 123;
```

图 3-9　错误的标识符

3.4.3 标识符的命名规范

1 标识符由字母、数字、下划线组成，并且首字母不能是数字。

2 不能把 C 语言的关键字作为用户的标识符，例如 if、for、while 等（注：标识符不能和 C 语言的关键字相同，也不能和用户自己定义的函数或 C 语言的库函数同名）。

3 标识符长度是由机器上的编译系统决定的，一般限制为 8 字符。(注：8 字符长度限制是 C89 标准，C99 标准已经扩充长度，大部分工业标准都更长。)

4 标识符对大小写敏感，即严格区分大小写。一般对变量名用小写，符号常量名用大写。（注：C 语言中字母是区分大小写的，因此 score、Score、SCORE 分别代表三个不同的标识符。）

5 标识符命名应做到"见名知意"，例如长度用 length，求和用 sum，圆周率用 pi。

3.4.4 空白符

在程序中，空白符也是必要的。空白符包括空格、制表符、换行符等。空白符的功能参考下面两个例子。

第一条语句：

int age;

在这里，int 和 age 之间必须至少有一个空格字符（通常使用一个空格），这样编译器才能把它们区分开，并理解想要实现的操作。

第二条语句：

fruit = apples + oranges; //获取水果的总数

在变量 fruit 和赋值符号"="，或是在"="和变量 apples 之间的空格字符不是必需的，但是为了增强可读性和美观性，可以根据需要适当增加一些空格。增加空格可以使代码各部分之间的距离变大，这种操作经常用于数学运算的语句和条件判断的语句之中。

总结例 3.2 程序中出现的新知识点如下。

1 关键字 int 可以定义整数类型的常量、变量、函数等。

2 "="为赋值符号，把符号右边的数值赋值给左边。

3 printf 函数显示整型数据的操作方式，"printf("%d", 参数名称);"。

3.5 数据类型

数据类型代表着数据的类型与形式。变量和函数等都有自己的类型，在声明一个变量时，计算机会根据变量的类型来给它分配储存空间。一个变量可能是一个小数，也可能是一个字符，为了让计算机能够根据目标对数据正确地处理，在声明一个变量时，要指明这个变量将为整数、小数或其他数据类型。表 3-2 展示了常用的数据类型。

表 3-2　常用数据类型

序号	类型与描述
1	**数值类型：** 包括两种类型——整数类型 short、int、long 和浮点类型 float、double
2	**字符类型：** char，存储字符对应的 ASCII 码值
3	**枚举类型：** 枚举型 enum 是一个集合，用来定义在程序中只能是特定离散整数值的变量
4	**空类型：** 表示函数类型是 void 无返回值的类型
5	**派生类型：** 包括指针类型、数组类型、结构体类型 struct、共用体类型 union

在本节接下来的部分将介绍基本的类型，其他几种类型会在后面章节进行讲解。

3.5.1 整数类型

常见的声明整数类型的函数有以下几种：char、int、short、long。

char 类型是一种特殊的整型，如果一个变量是 char 型，则说明这个对象是一个字符类型。例如 "char ch1 = 'a';"，说明 ch1 是一个字符，在计算机的内存中被存储为字母 a 的 ASCII 码。ASCII 码（American Standard Code for Information Interchange），美国信息交换标准代码，在计算机中，所有的数据都是以二进制数表示与操作的，例如A、a、B、b、C、c 这样的字母，0、1 等数字，还有一些常用的符号如空格、井号#等，在计算机中存储时都要使用二进制数。

ASCII 码表具体将每个字符对应的数字进行了确定，统一规定了这些常用字符的二进制数表示。我们对照 ASCII 码表可以得到小写字母 a 的值为 97，也就意味着 "char ch1 = 97;" 是与 "char ch1 = 'a'" 等效的。ASCII 码对照如表 3-3 所示。

表 3-3　ASCII 码对照表

ASCII，American Standard Code for Information Interchange 念起来像是"阿斯key"，定义从 0～127 的 128 个数字所代表的英文字母或一样的结果与意义。由于只使用 7 个位（bit）就可以表示从 0～127 的数字，大部分的电脑都使用 8 个位来存取字元集（character set），所以从 128～255 之间的数字可以用来代表另一组 128 个符号，称为 extended ASCII。

ASCII 码	键盘	ASCII 码	键盘	ASCII 码	键盘	ASCII 码	键盘
27	ESC	32	SPACE	33	!	34	"
35	#	36	$	37	%	38	&
39	'	40	(	41	)	42	*
43	+	44	'	45	–	46	.
47	/	48	0	49	1	50	2
51	3	52	4	53	5	54	6
55	7	56	8	57	9	58	:
59	;	60	<	61	=	62	>
63	?	64	@	65	A	66	B
67	C	68	D	69	E	70	F
71	G	72	H	73	I	74	J
75	K	76	L	77	M	78	N
79	O	80	P	81	Q	82	R
83	S	84	T	85	U	86	V
87	W	88	X	89	Y	90	Z
91	[	92	\	93	]	94	^
95	_	96	`	97	a	98	b
99	c	100	d	101	e	102	f
103	g	104	h	105	i	106	j
107	k	108	l	109	m	110	n
111	o	112	p	113	q	114	r
115	s	116	t	117	u	118	v
119	w	120	x	121	y	122	z
123	{	124			125	}	126	~

int 类型使用十分广泛，其被声明的对象为一个整数类型，简单说，就是无小数点的数。例如 "int a; a = 0（1,2, ……）; "。

short 类型也是 int，事实上，我们声明 int 的时候是默认为 short int 型的，当所需要赋值的数十分大，例如 1234567890，那么就需要写成 long int 型。

long 即为 long int，中文名称是 "长整型"，在编程时，可以将后面的 int 省略而直接写成 long。

3.5.2 浮点类型

浮点数简而言之就是小数，例如 0.1、2.1 等。在计算机编程中，如果将一个整数类型数转换为浮点数，例如将 1 转换成浮点数（小数），就变成 1.0。

常见的浮点类型函数有 float、double、long double。它们之间的区别在于精度的不同，也就是小数的保留位数不同。float 保留 6 位小数，double 保留 15 位小数，long double 保留 19 位小数。一般我们用不到 long double。

3.5.3 void 类型

void 类型指定没有可用的值。它通常用于表 3-4 所示的三种情况下。

表 3-4 void 类型与描述

序号	类型与描述
1	**函数返回为空** C 语言中有各种函数都不返回值，或者可以说它们返回空。不返回值的函数的返回类型为空。例如 "void exit (int status); "
2	**函数参数为空** C 语言中有各种函数不接受任何参数。不带参数的函数可以接受一个 void。例如 "int rand(void); "
3	**指针指向 void（超出本书的学习范围，不做介绍）** 类型为 void * 的指针代表对象的地址，而不是类型。例如，内存分配函数 "void *malloc(size_t size); " 返回指向 void 的指针，可以转换为任何数据类型

3.6 变量

在前面的介绍中提到了 "变量" 二字，变量存储的数据在程序中是会发生变化的，与之相对的就是常量。C 语言中每个变量都有特定的类型，类型决定了变量存储的大小和布局，该范围内的值都可以正常存储在内存中。

变量的名称可以由字母、数字和下划线字符组成。它必须以字母或下划线开头。因为 C 语言是大小写严格区分的，所以大写和小写字母会定义不同的变量。基于前面讲解的基本类型，有以下几种基本的变量类型：char、float、double、int、void。其具体定义前面已经介绍过，这里不再赘述。

利用数据类型来对变量进行定义，例如：

int i, j, k;

char c, ch;

float f, salary;

double d;

第一行程序利用 int 数据类型对变量 i、j、k 进行了定义和声明，这里表示定义三个 int 类型变量，用字母 i、j、k 表示。后几行程序类似。

一般来讲，变量可以在声明的时候被初始化（指定一个初始值）。初始化由一个等号后跟一个常量组成，如下所示：

extern int d = 3, f = 5;　　　// d 和 f 的声明与初始化

int d = 3, f = 5;　　　　　// 定义并初始化 d 和 f

byte z = 22;　　　　　　// 定义并初始化 z

char x = 'x';　　　　　　// 变量 x 的值为 'x'，即 120

变量声明即向编译器保证变量以指定的类型和名称存在，这样编译器在不需要知道变量完整细节的情况下也能继续编译。变量声明只在编译时有意义，在程序连接时编译器需要实际的变量声明。

变量的声明有两种情况：一种是需要建立存储空间的，例如"int a;"在声明的时候就已经建立了存储空间；另一种是不需要建立存储空间的，通过使用 extern 关键字声明变量名而不定义它，例如："extern int a;"，其中变量 a 也可以在别的文件中定义。

除非有 extern 关键字，否则都是变量的定义。例如：

extern int i;　　　　　　//声明，不是定义

int i;　　　　　　　　//声明，也是定义

我们来看一个具体实例，程序如下：

[例 3.3] 整型与浮点型运算。

```
/*
例 3.3
*/
#include <stdio.h>

// 变量声明
extern int a, b;
extern int c;
```

```
extern float f;

int main()
{
    /* 变量定义 */
    int a, b;
    int c;
    float f;

    /* 初始化 */
    a = 10;
    b = 20;

    c = a + b;
    printf("value of c : %d \n", c);

    f = 70.0 / 3.0;
    printf("value of f : %f \n", f);

    return 0;
}
```

运行上述程序后，将会输出以下结果，如图 3-10 所示。

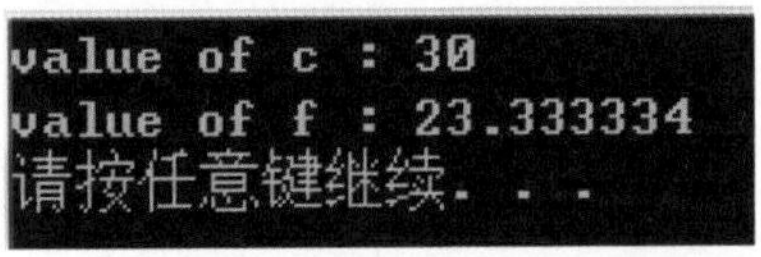

注意：在 C 语言中，"="不是数学中的"等于"，而是赋值符号，把等号右边的值赋给符号左边变量。即 i = 1 并不是指 i 等于 1，而是将 1 这个值赋给 i。

```
value of c : 30
value of f : 23.333334
请按任意键继续．．．
```

图 3-10 例 3.3 的运行结果

赋值符号的使用是这样的，可以把 1 赋给 i，也可以在程序的其他地方令 i 为 2 或者其他数值，也就是说赋值符号能让变量的值发生改变。那么在编程中应该怎样表示等号呢？在 C 语言中，等号用"= ="来表示，即 i = = 1，表示了 i 等于 1。

3.7 常量

常量就是具有固定值的量，常量的值不会随程序的执行而改变，也就是说，整个程序执行过程中常量最初是多少就是多少，不会发生改变。一旦定义了某个常量，其值不能修改。常见的常量有整数常量，例如 85（十进制）、0123（八进制）、0x4b（十六进制）等；浮点常量，例如 3.14159 等；字符常量，例如 x、a、h 等；字符串常量，例如 'hello,world'、'abc' 等。

定义常量有两种方法，一种是用#define，一种是用 const。例如 "#define age 10;"，那么在程序的执行过程中，age 的值固定为 10。又如 "const int name 10;"，那么在程序执行中，name 一直为整型，且值为 10。

3.8 运算符

运算符就是数字运算所要用到的符号，例如"＋""－""＊""/"等，由于在计算机键盘中没有我们平时用到的乘法符号"×"和除法符号"÷"，因此，在 C 语言中，用"＊"表示乘法，用"/"表示除法。

3.8.1 算术运算符

表 3-5 显示了 C 语言支持的所有算术运算符。假设变量 a 的值为 1，变量 b 的值为 2。

表 3-5　C 语言支持的算术运算符

运算符	描述	举例
＋	把两个数相加	a+b 的结果为 3
－	把两个数相减	a－b 将得到-1，b－a 将得到 1
＊	把两个数相乘	a＊b 将得到 2
/	把两个数相除	a / b 将得到 0.5，b / a 将得到 2
%	取模运算符，整除后的余数	b%a 的结果为 0，因为余数为 0
++	自增运算符，整数的值加 1	a++后 a 的值变为 2，以此类推
－－	自减运算符，整数的值减 1	b－－后 b 的值变为 1，以此类推

[例 3.4]算术运算符的使用。

```
/*
例 3.4
*/
#include <stdio.h>
```

```
int main()
{
    int a = 21;
    int b = 10; int c; c = a + b;
    printf("Line 1 - c 的值是 %d\n", c);
    c = a - b;
    printf("Line 2 - c 的值是 %d\n", c);
    c = a * b;
    printf("Line 3 - c 的值是 %d\n", c);
    c = a / b;
    printf("Line 4 - c 的值是 %d\n", c);
    c = a % b;
    printf("Line 5 - c 的值是 %d\n", c);
    c = a++; // 赋值后再加 1，c 为 21，a 为 22
    printf("Line 6 - c 的值是 %d\n", c);
    c = a--; // 赋值后再减 1，c 为 22，a 为 21
    printf("Line 7 - c 的值是 %d\n", c);
}
```

当上面的代码被编译和执行时，它会产生下列结果，如图 3-11 所示。

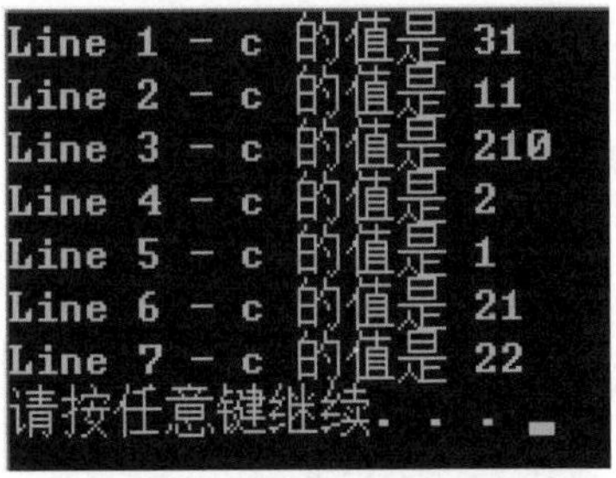

图 3-11   例 3.4 的运行结果

[例 3.5] a++与++a 的区别。

```
/*
例 3.5
*/
#include <stdio.h>
```

149

```
int main()
{
    int c;
    int a = 10;
    c = a++;
    printf("先赋值后运算：\n");
    printf("Line 1 - c 的值是 %d\n", c);
    printf("Line 2 - a 的值是 %d\n", a);
    a = 10;
    c = a--;
    printf("Line 3 - c 的值是 %d\n", c);
    printf("Line 4 - a 的值是 %d\n", a);

    printf("先运算后赋值：\n");
    a = 10;
    c = ++a;
    printf("Line 5 - c 的值是 %d\n", c);
    printf("Line 6 - a 的值是 %d\n", a);
    a = 10;
    c = --a;
    printf("Line 7 - c 的值是 %d\n", c);
    printf("Line 8 - a 的值是 %d\n", a);
}
```

以上程序执行输出结果如图 3-12 所示。

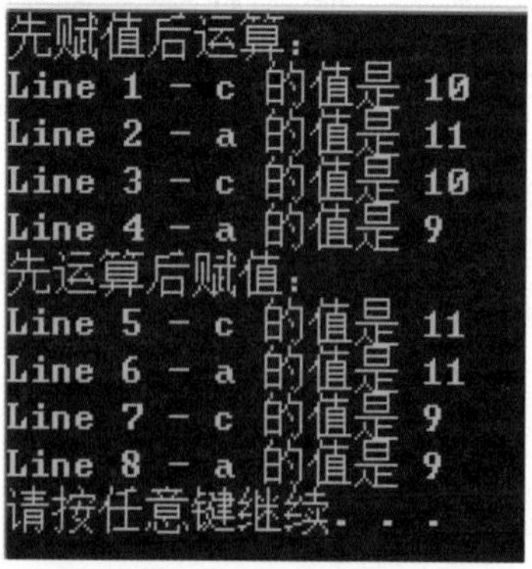

图 3-12　例 3.5 的运行结果

3.8.2 关系运算符

表 3-6 显示了 C 语言支持的所有关系运算符。假设变量 A 的值为 1，变量 B 的值为 2。

表 3-6   C 语言支持的关系运算符

运算符	描述	举例
==	检查两个操作数的值是否相等，如果相等则条件为真	A == B 不为真
!=	检查两个操作数的值是否相等，如果不相等则条件为真	A != B 为真
>	检查左操作数的值是否大于右操作数的值，如果是则条件为真	A > B 不为真
<	检查左操作数的值是否小于右操作数的值，如果是则条件为真	A < B 为真
>=	检查左操作数的值是否大于或等于右操作数的值，如果是则条件为真	A >= B 不为真
<=	检查左操作数的值是否小于或等于右操作数的值，如果是则条件为真	A <= B 为真

[例 3.6] 关系运算符的使用。

```
/*
例 3.6
*/
#include <stdio.h>

int main()
{
    int a = 21;
    int b = 10;
    int c;

    if (a == b)
    {
        printf("Line 1 - a 等于 b\n");
    }
    else
    {
```

```
        printf("Line 1 - a 不等于 b\n");
    }
    if (a < b)
    {
        printf("Line 2 - a 小于 b\n");
    }
    else
    {
        printf("Line 2 - a 不小于 b\n");
    }
    if (a > b)
    {
        printf("Line 3 - a 大于 b\n");
    }
    else
    {
        printf("Line 3 - a 不大于 b\n");
    }
    /* 改变 a 和 b 的值 */
    a = 5;
    b = 20;
    if (a <= b)
    {
        printf("Line 4 - a 小于或等于 b\n");
    }
    if (b >= a)
    {
        printf("Line 5 - b 大于或等于 b\n");
    }
}
```

代码被编译和执行时，它会产生下列结果，如图 3-13 所示。

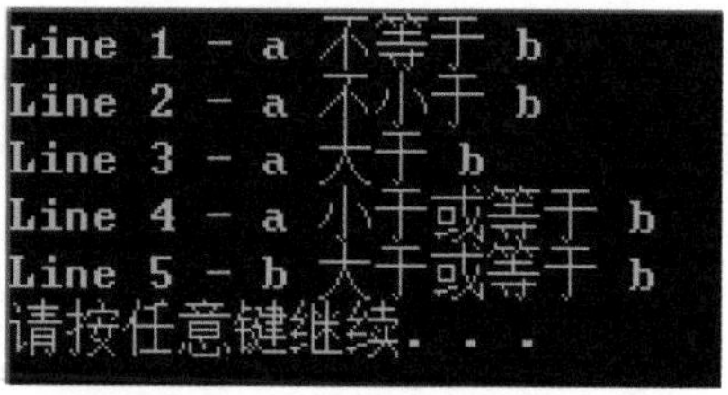

图 3-13　例 3.6 的运行结果

3.8.3　逻辑运算符

表 3-7 显示了 C 语言支持的所有逻辑运算符。假设变量 A 的值为 1，变量 B 的值为 0。

表 3-7　C 语言支持的逻辑运算符

运算符	描述	举例
&&	称为逻辑"与"运算符。如果两个操作数都非零，则条件为真	A && B 为假
||	称为逻辑"或"运算符。如果两个操作数中有任意一个非零，则条件为真	A || B 为真
!	称为逻辑"非"运算符。用来逆转操作数的逻辑状态。如果条件为真则逻辑非运算符将使其为假	!(A && B) 为真

[例 3.7] 逻辑运算符的使用。

```
/*
例 3.7
*/
#include <stdio.h>

int main()
{
    int a = 5;
    int b = 20;
    int c;

    if (a && b)
    {
        printf("Line 1 - 条件为真\n");
    }
```

```
    if(a || b)
    {
        printf("Line 2 - 条件为真\n");
    }
    /* 改变 a 和 b 的值 */
    a = 0;
    b = 10;
    if(a && b)
    {
        printf("Line 3 - 条件为真\n");
    }
    else
    {
        printf("Line 3 - 条件不为真\n");
    }
    if(!(a && b))
    {
        printf("Line 4 - 条件为真\n");
    }
}
```

代码编译和执行时，会产生下列结果，如图 3-14 所示。

图 3-14　例 3.7 的运行结果

3.8.4　位运算符

位运算符作用于位，并逐位执行操作。"&" "|" 和 "^" 的真值如表 3-8 所示。

表 3-8　"&" "|" 和 "^" 真值表

p	q	p & q	p | q	p ^ q
0	0	0	0	0
0	1	0	1	1
1	1	1	1	0
1	0	0	1	1

如果 A = 60 且 B = 13，以二进制格式表示，它们的位运算如下所示：

A = 0011 1100

B = 0000 1101

A&B = 0000 1100

A|B = 0011 1101

A^B = 0011 0001

~A = 1100 0011

表 3-9 显示了 C 语言支持的所有位运算符。

表 3-9　C 语言支持的位运算符

运算符	描述	实例
&	如果同时存在于两个操作数中，二进制与运算符复制一位到结果中	A & B 将得到 12，即为 0000 1100
|	如果存在于任一操作数中，二进制或运算符复制一位到结果中	A | B 将得到 61，即为 0011 1101
^	如果存在于其中一个操作数中但不同时存在于两个操作数中，二进制异或运算符复制一位到结果中	A ^ B 将得到 49，即为 0011 0001
~	二进制补码运算符是一元运算符，具有"翻转"位效果，即 0 变成 1，1 变成 0	~A 将得到 -61，即为 1100 0011，一个有符号二进制数的补码形式
<<	二进制左移运算符。左操作数的值向左移动右操作数指定的位数	A << 2 将得到 240，即为 1111 0000
>>	二进制右移运算符。左操作数的值向右移动右操作数指定的位数	A >> 2 将得到 15，即为 0000 1111

[例 3.8] 位运算符的使用。

```
/*
例 3.8
*/
#include <stdio.h>
```

```
int main()
{
unsigned int a = 60;        /* 60 = 0011 1100 */
unsigned int b = 13;        /* 13 = 0000 1101 */
int c = 0;

    c = a & b;          /* 12 = 0000 1100 */
    printf("Line 1 - c 的值是 %d\n", c);

    c = a | b;          /* 61 = 0011 1101 */
    printf("Line 2 - c 的值是 %d\n", c);

    c = a ^ b;          /* 49 = 0011 0001 */
    printf("Line 3 - c 的值是 %d\n", c);

    c = ~a;             /*-61 = 1100 0011 */
    printf("Line 4 - c 的值是 %d\n", c);

    c = a << 2;         /* 240 = 1111 0000 */
    printf("Line 5 - c 的值是 %d\n", c);

    c = a >> 2;         /* 15 = 0000 1111 */
    printf("Line 6 - c 的值是 %d\n", c);
}
```

代码被编译和执行时，会产生下列结果，如图 3-15 所示。

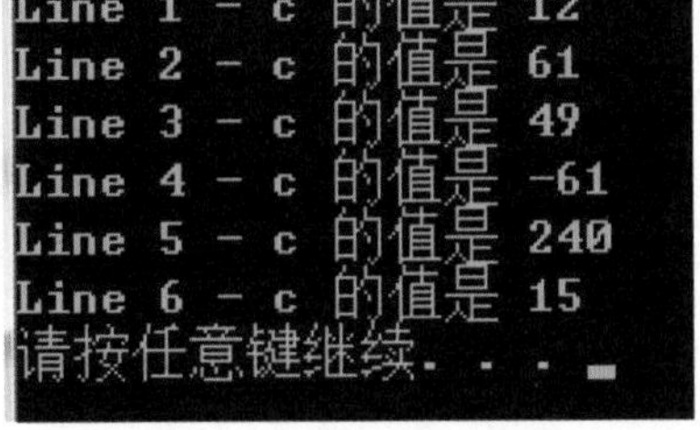

图 3-15　例 3.8 的运行结果

3.8.5　赋值运算符

表 3-10 列出了 C 语言支持的赋值运算符。

表 3-10　C 语言支持的赋值运算符

运算符	描述	举例
=	简单的赋值运算符，把右边操作数的值赋给左边操作数	C = A + B 将把 A + B 的值赋给 C
+=	加且赋值运算符，把右边操作数加上左边操作数的结果赋值给左边操作数	C += A 相当于 C = C + A
-=	减且赋值运算符，把左边操作数减去右边操作数的结果赋值给左边操作数	C -= A 相当于 C = C - A
*=	乘且赋值运算符，把右边操作数乘以左边操作数的结果赋值给左边操作数	C *= A 相当于 C = C * A
/=	除且赋值运算符，把左边操作数除以右边操作数的结果赋值给左边操作数	C /= A 相当于 C = C / A
%=	求模且赋值运算符，求两个操作数的模赋值给左边操作数	C %= A 相当于 C = C % A
&=	按位与且赋值运算符	C &= 2 相当于 C = C & 2
|=	按位或且赋值运算符	C |= 2 相当于 C = C | 2
<<=	左移且赋值运算符	C <<= 2 相当于 C = C << 2
>>=	右移且赋值运算符	C >>= 2 相当于 C = C >> 2
^=	按位异或且赋值运算符	C ^= 2 相当于 C = C ^ 2

[例 3.9] 赋值运算符的使用。

```
/*
例 3.9
*/
#include <stdio.h>

int main()
{
    int a = 21;
    int c;

    c = a;
```

```
    printf("Line 1 - = 运算符实例，c 的值 = %d\n", c);


    c += a;
    printf("Line 2 - += 运算符实例，c 的值 = %d\n", c);


    c -= a;
    printf("Line 3 - -= 运算符实例，c 的值 = %d\n", c);


    c *= a;
    printf("Line 4 - *= 运算符实例，c 的值 = %d\n", c);


    c /= a;
    printf("Line 5 - /= 运算符实例，c 的值 = %d\n", c);


    c = 200;
    c %= a;
    printf("Line 6 - %= 运算符实例，c 的值 = %d\n", c);


    c <<= 2;
    printf("Line 7 - <<= 运算符实例，c 的值 = %d\n", c);


    c >>= 2;
    printf("Line 8 - >>= 运算符实例，c 的值 = %d\n", c);


    c &= 2;
    printf("Line 9 - &= 运算符实例，c 的值 = %d\n", c);


    c ^= 2;
    printf("Line 10 - ^= 运算符实例，c 的值 = %d\n", c);


    c |= 2;
    printf("Line 11 - |= 运算符实例，c 的值 = %d\n", c);
}
```

代码被编译和执行时，会产生下列结果，如图 3-16 所示。

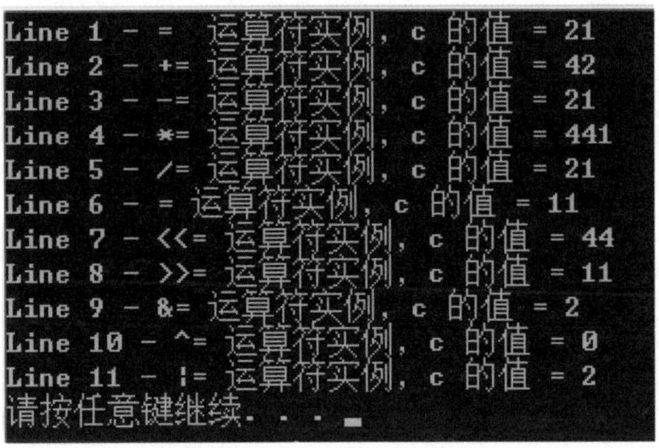

图 3-16　例 3.9 的运行结果

当一个式子中混合着多种运算符号时，有必要知道它们的优先级别，也就是哪些符号先计算，哪些后计算，这就好比我们在数学运算中学到的，括号里的先算，乘除法比加减法先算。表 3-11 列出这些符号的优先级别，供读者朋友们使用的时候参考。

表 3-11　符号的优先级

类别	运算符	结合性
后缀	()、[]、->、.、++、--、	从左到右
一元	+、-、!、~、++、--、(type)、*、&、sizeof	从右到左
乘除	*、/、%	从左到右
加减	+、-	从左到右
移位	<<、>>	从左到右
关系	<、<=、>、>=	从左到右
相等	==、!=	从左到右
位与	&	从左到右
位异或	^	从左到右
位或	|	从左到右
逻辑与	&&	从左到右
逻辑或	||	从左到右
条件	?:	从右到左
赋值	=、+=、-=、*=、/=、%=、>>=、<<=、&=、^=、|=	从右到左
逗号	,	从左到右

一般来讲，按照逻辑运算形式分，各种运算符的优先级由低到高为：赋值运算符 → && 和 \|\| → 关系运算符→算术运算符 →!（非）。请看下面的实例了解 C 语言

中运算符的优先级。

[例 3.10] 运算符的优先级。

```
/*
例 3.10
*/
#include <stdio.h>

int main()
{
    int a = 20;
    int b = 10;
    int c = 15;
    int d = 5;
    int e;

    e = (a + b) * c / d;      // ( 30 * 15 ) / 5
    printf("(a + b) * c / d 的值是 %d\n", e);

    e = ((a + b) * c) / d;      // ( 30 * 15 ) / 5
    printf("((a + b) * c) / d 的值是 %d\n", e);

    e = (a + b) * (c / d);      // (30) * (15/5)
    printf("(a + b) * (c / d) 的值是 %d\n", e);

    e = a + (b * c) / d;      // 20 + (150/5)
    printf("a + (b * c) / d 的值是 %d\n", e);
    return 0;
}
```

代码被编译和执行时，会产生下列结果，如图 3-17 所示。

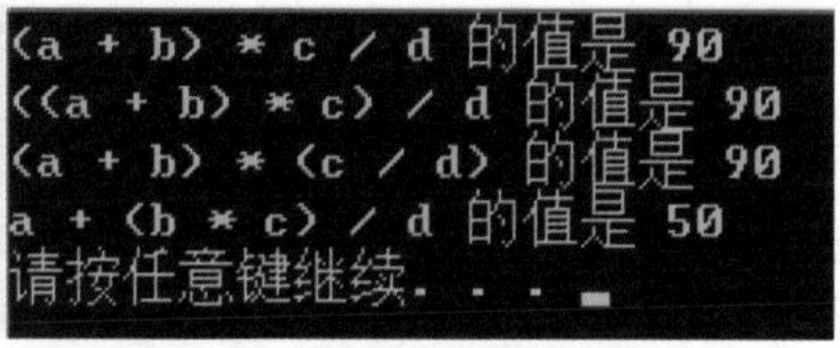

图 3-17　例 3.10 的运行结果

3.9 判断

判断结构要求编程者指定一个或多个用于评估真假的条件，以及条件为真时要执行的语句（必需的）和条件为假时要执行的语句（可选的）。C 语言把任何非零和非空的值假定为 true，把零或 null 假定为 false。

判断语句的基本结构如图 3-18 所示。

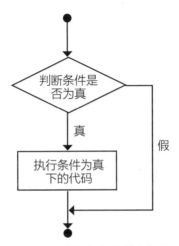

图 3-18 判断语句的基本结构

在 C 语言中，提供常用的判断语句如表 3-12 所示。

表 3-12 常用判断语句

语句	描述	举例
if	一个 if 语句由一个布尔表达式后跟一个或多个语句组成	if(x>y) print("%d",x); 如果 x 大于 y，输出 x

if...else	一个 if 语句后可跟一个可选的 else 语句，else 语句在布尔表达式为假时执行	if(x>y) print("%d",x);
		else print("%d",y);
		如果 x 大于 y，输出 x，否则输出 y

if 语句的嵌套	可以在一个 if 或 else if 语句内使用另一个 if 或 else if 语句	if(x=0) print("%d",x);
		else if(x=1) print("%d",y);
		else if(x=2) print("%d",z);
		……
		else print("%d",null);
		如果 x=0，输出 x；否则，如果 x=1，输出 y；否则，如果 x=2，输出 z；……；否则，输出 null

续表

语句	描述	举例

switch	一个 switch 语句允许测试一个变量等于多个值时的情况	switch（表达式）
		{
		case 常量表达式 1; 语句 1
		case 常量表达式 2; 语句 1
		……
		case 常量表达式 n; 语句 1
		default: 语句 n+1
		}

? :	可以用来代替 if...else	(x%2==0)?printf("偶数"):printf("奇数"); x 除以 2 是否等于零？如果是，则输出"偶数"，否则，输出"奇数"

例 3.11 是输入一个数字并判断它为奇数还是偶数。

[例 3.11] 判断条件。

```
/*
例 3.11
*/
#include<stdio.h>

int main()
{
    int num;

    printf("输入一个数字 : ");

    scanf("%d", &num);
    (num % 2 == 0) ? printf("偶数") : printf("奇数");
    printf("\n");
}
```

程序执行结果如图 3-19 所示。

图 3-19　例 3.11 的运行结果

3.10 循环

很多时候我们需要多次执行同一块代码。一般情况下，语句是按顺序执行的：函数中的第一条语句先执行，接着是第二条语句，依此类推。

C 语言提供了更为复杂执行路径的多种控制结构。循环语句允许多次执行同一条语句或语句组，图 3-20 是大多数编程语言中循环语句的流程图。

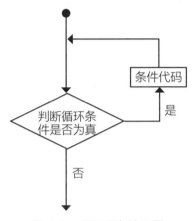

图 3-20　循环语句流程图

3.10.1　循环类型

C 语言提供了以下几种循环类型：while 循环、for 循环、do...while 循环和嵌套循环。下面我们来一一介绍。

（1）while 循环

语法：

while (condition)

{

　　statement(s);

}

statement(s) 可以是一条单独的语句，也可以是几条语句组成的代码块。

condition 可以是任意的表达式，当为任意非零值时都为 true。当条件为 true 时执行循环（while 下"{ }"里的程序）；当条件为 false 时，退出循环，程序流将继续执行紧接着循环的下一条语句。流程图如图 3-21 所示。

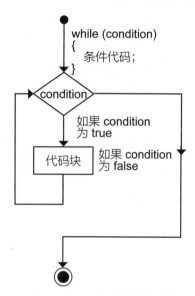

图 3-21 while 循环的流程图

在这里，while 循环的关键点是循环可能一次都不会执行。当条件为 false 时，会跳过循环主体，直接执行紧接着 while 循环的下一条语句。

[例 3.12] while 语句。

```
/*
例 3.12
*/
#include <stdio.h>

int main()
{
    /* 局部变量定义 */
    int a = 10;

    /* while 循环执行 */
    while (a < 20)
    {
        printf("a 的值: %d\n", a);
        a++;
    }

    return 0;
}
```

代码被编译和执行时，会产生图 3-22 所示结果。

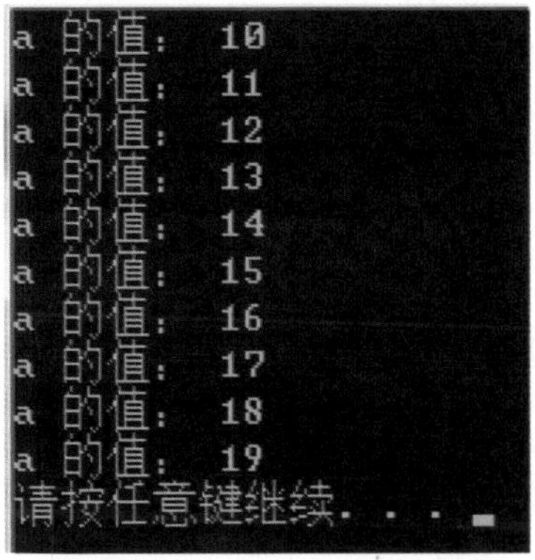

（2）for

for 循环允许编写一个执行指定循环次数的循环控制结构。

语法：

```
for (init; condition; increment)
{
    statement(s);
}
```

for 循环的控制流程如图 3-23 所示。

图 3-22　例 3.12 运行结果

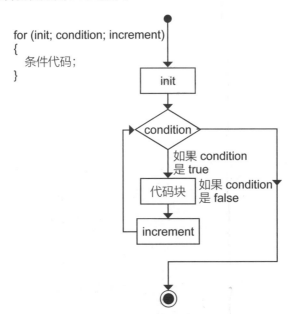

图 3-23　for 循环流程图

1 init 会首先被执行，且只会执行一次。这一步允许声明并初始化任何循环控制变量。也可以不在这里写任何语句，只要有一个分号出现即可。

2 接下来会判断 condition。如果为真，则执行循环主体。如果为假，则不执行循环主体，且控制流会跳转到紧接着 for 循环的下一条语句。

3 在执行完 for 循环主体后，控制流程跳回 increment 语句。该语句允许更新循环控制变量。该语句可以留空，只要在条件后有一个分号出现即可。

4 条件再次被判断。如果为真，则执行循环，这个过程会不断重复（循环主体，然后增加步值，再然后重新判断条件）。在条件变为假时，for 循环终止。

165

[例 3.13] for 循环。

```
/*
例 3.13
*/
#include <stdio.h>

int main()
{
    /* for 循环执行 */
    for (int a = 10; a < 20; a = a + 1)
    {
        printf("a 的值：%d\n", a);
    }

    return 0;
}
```

代码被编译和执行时，会产生下列结果，如图 3-24 所示。

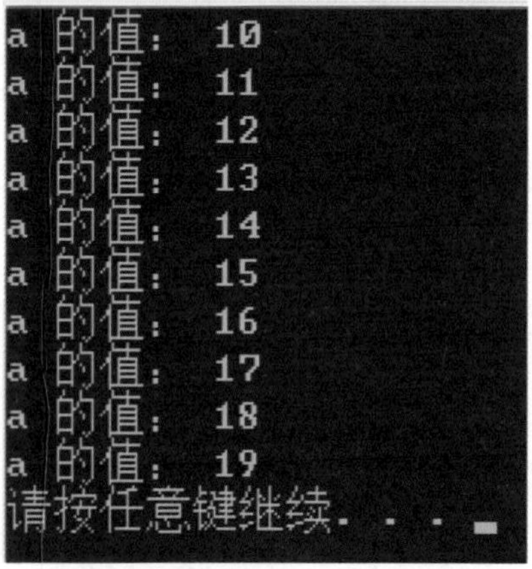

图 3-24　例 3.13 运行结果

（3）do...while

在 C 语言中，for 和 while 循环是在循环头部检查循环条件，do...while 循环是在循环的尾部检查循环条件。

do...while 循环与 while 循环类似，但是 do...while 循环会确保至少执行一次循环。

语法:

```
do
{
    statement(s);
}
while (condition);
```

请注意，条件表达式出现在循环的尾部，所以循环中的 statement(s) 会在条件被检查之前至少执行一次。

如果条件为真，控制流程会跳转回 do，然后重新执行循环中的 statement(s)。这个过程会不断重复，直到给定条件变为假为止。流程图如图 3-25 所示。

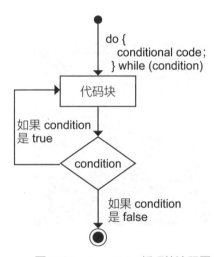

图 3-25　do… while 循环的流程图

[例 3.14] do…while 循环。

```
/*
例 3.14
*/
#include <stdio.h>

int main()
{
    /* 局部变量定义 */
```

```
int a = 10;

/* do 循环执行 */
do
{
   printf("a 的值：%d\n", a);
   a = a + 1;
} while (a < 20);

return 0;
}
```

代码被编译和执行时，会产生下列结果，如图 3-26 所示。

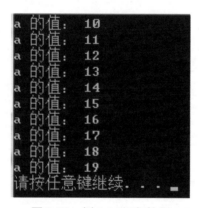

图 3-26 例 3.14 运行结果

（4）嵌套循环

C 语言允许在一个循环内使用另一个循环，下面演示几个实例来说明这个概念。

① C 语言中嵌套 for 循环语句的语法：

```
for (initialization; condition; increment / decrement)
{
   statement(s);
   for (initialization; condition; increment / decrement)
   {
      statement(s);
      ......
```

```
    }
    ......
}
```
流程图如图 3-27 所示。

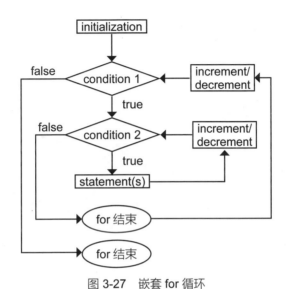

图 3-27　嵌套 for 循环

❷ C 语言中嵌套 while 循环语句的语法：

```
while (condition1)
{
    statement(s);
    while (condition2)
    {
        statement(s);
        ......
    }
    ......
}
```
流程图如图 3-28 所示。

❸ C 语言中嵌套 do...while 循环语句的语法：

```
do
{
```

```
    statement(s);
    do
    {
        statement(s);
        ......
    } while (condition2);
    ......
} while (condition1);
```

流程图如图 3-29 所示。

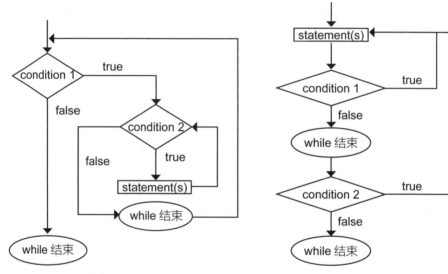

图 3-28　嵌套 while 循环流程图　　　图 3-29　嵌套 do... while 循环流程图

　　关于嵌套循环有一点值得注意：可以在任何类型的循环内嵌套其他任何类型的循环。比如，一个 for 循环可以嵌套在一个 while 循环内，反之亦然。

　　下面的程序使用了一个嵌套的 for 循环来查找 2 ~ 100 中的质数。

[例 3.15] for 循环嵌套实例。

```
/*
例 3.15
*/
#include <stdio.h>
```

```
int main()
{
    /* 局部变量定义 */
    int i, j;

    for (i = 2; i<100; i++) {
        for (j = 2; j <= (i / j); j++)
            if (!(i%j)) break; // 如果找到，则不是质数
        if (j >(i / j)) printf("%d 是质数\n", i);
    }

    return 0;
}
```

代码被编译和执行时，会产生下列结果，如图 3-30 所示。

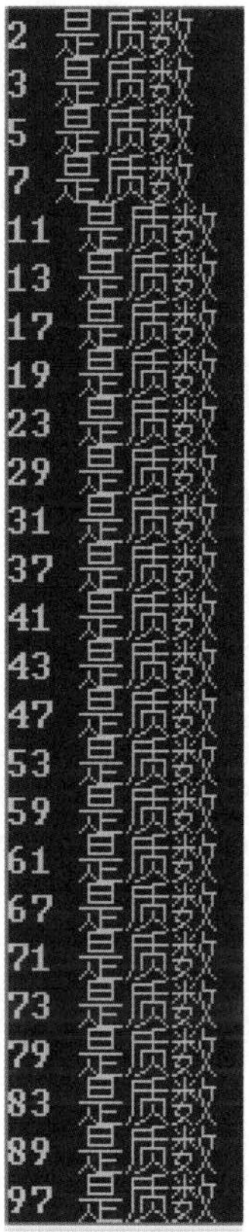

[例 3.16] while 嵌套实例。
```
/*
例 3.16
*/
#include <stdio.h>
int main()
{
    int i = 1, j;
    while (i <= 5)
    {
        j = 1;
        while (j <= i)
        {
            printf("%d ", j);
            j++;
        }
        printf("\n");
        i++;
```

图 3-30　例 3.15
运行结果

```
    }
    return 0;
}
```

代码被编译和执行时，会产生下列结果，如图 3-31 所示。

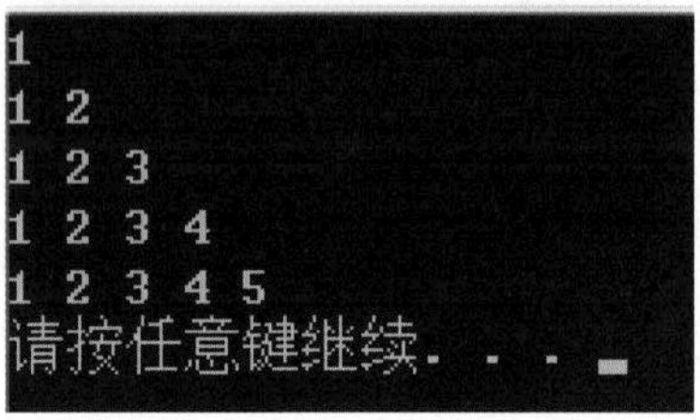

图 3-31　例 3.16 运行结果

[例 3.17] do... while 嵌套实例。

```
/*
例 3.17
*/
#include <stdio.h>
int main()
{
    int i = 1, j;
    do
    {
        j = 1;
        do
        {
            printf("＊");
            j++;
        } while (j <= i);
        i++;
        printf("\n");
    } while (i <= 5);
    return 0;
}
```

代码被编译和执行时，会产生下列结果，如图 3-32 所示。

图 3-32　例 3.17 运行结果

3.10.2　循环控制语句

循环控制语句用来改变代码的执行顺序，通过它可以实现代码的跳转。

C 语言提供了下列的循环控制语句：break 语句、continue 语句和 goto 语句。下面我们来一一介绍。

（1）break 语句

C 语言中 break，语句有以下两种用法：

1 当 break 语句出现在一个循环内时，循环会立即终止，且程序流程将继续执行紧接着循环的下一条语句。

2 它可用于终止 switch 语句中的一个 case。

如果使用的是嵌套循环（即一个循环内嵌套另一个循环），break 语句会停止执行最内层的循环，然后开始执行该块之后的下一行代码。流程图如图 3-33 所示。

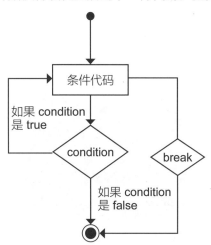

图 3-33　break 语句的流程图

[例 3.18]break 语句应用实例。

/*

例 3.18

```
*/
#include <stdio.h>
int main()
{
    /* 局部变量定义 */
    int a = 10;

    /* while 循环执行 */
    while (a < 20)
    {
        printf("a 的值：%d\n", a);
        a++;
        if (a > 15)
        {
            /* 使用 break 语句终止循环 */
            break;
        }
    }
    return 0;
}
```

代码被编译和执行时，会产生下列结果，如图 3-34 所示。

图 3-34　例 3.18 运行结果

（2）continue 语句

C 语言中的 continue 语句有点像 break 语句，但它不是强迫终止，continue 会跳过当前循环中的代码强迫开始下一次循环。

对于 for 循环，continue 语句执行后自增语句仍然会执行。对于 while 和 do...while
循环，continue 语句重新执行条件判断语句。流程图如图 3-35 所示。

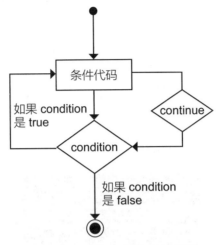

图 3-35　continue 语句的流程图

[例 3.19] continue 语句应用实例。

```
/*
例 3.19
*/
#include <stdio.h>
int main()
{
    /* 局部变量定义 */
    int a = 10;

    /* do 循环执行 */
    do
    {
        if (a == 15)
        {
            /* 跳过迭代 */
            a = a + 1;
            continue;
```

```
    }
    printf("a 的值：%d\n", a);
    a++;

} while (a < 20);

return 0;
}
```

代码被编译和执行时，会产生下列结果，如图 3-36 所示。

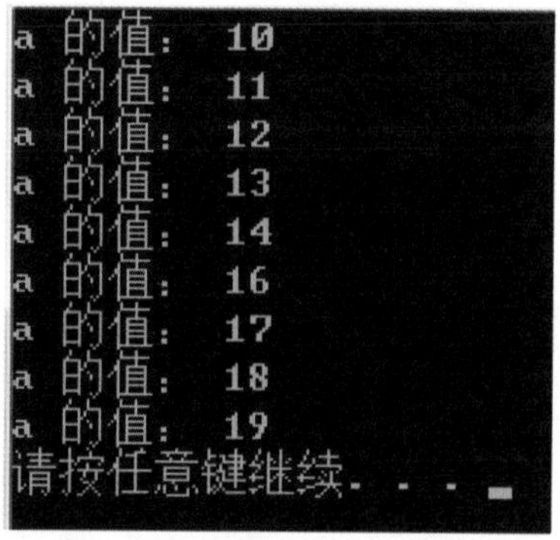

图 3-36 例 3.19 运行结果

（3）goto 语句

C 语言中的 goto 语句允许把控制无条件转移到同一函数内的被标记的语句。注意：在任何编程语言中，都不建议使用 goto 语句。因为它使得程序的流程难以跟踪，使程序难以理解和难以修改。任何使用 goto 语句的程序可以改写成不需要使用 goto 语句的写法。

C 语言中 goto 语句的语法：

goto label;

……

label: statement;

在这里，label 可以是任何除 C 语言关键字以外的纯文本，它可以设置在 C 语言程序中 goto 语句的前面或者后面。流程图如图 3-37 所示。

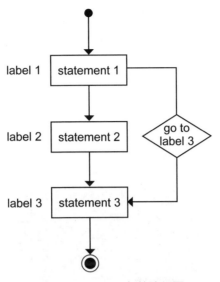

图 3-37　goto 语句的流程图

[例 3.20] goto 语句应用实例。

```
/*
例 3.20
*/
#include <stdio.h>
int main()
{
    /* 局部变量定义 */
    int a = 10;

    /* do 循环执行 */
    LOOP:do
    {
        if (a == 15)
        {
            /* 跳过迭代 */
            a = a + 1;
            goto LOOP;
        }
        printf("a 的值: %d\n", a);
```

```
        a++;

    } while (a < 20);

    return 0;
}
```

代码被编译和执行时，会产生下列结果，如图 3-38 所示。

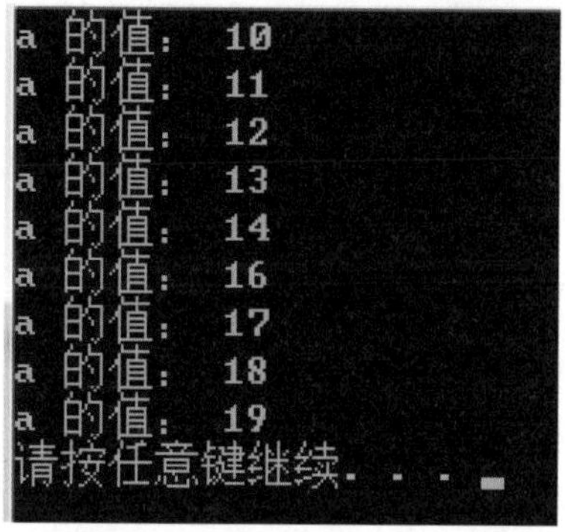

图 3-38   例 3.20 运行结果

3.10.3 无限循环

如果条件永远不为假，则循环将变成无限循环。for 循环在传统意义上可用于实现无限循环，由于构成循环的三个表达式中任何一个都不是必需的，可以将某些条件表达式留空来构成一个无限循环。

[例 3.21] 无限循环应用实例。

```
/*
例 3.21
*/
#include <stdio.h>
int main()
{
    for (; ; )
    {
        printf("该循环会永远执行下去！\n");
```

```
    }
    return 0;
}
```

当条件表达式不存在时，它被假设为真。也可以设置一个初始值和增量表达式，但是一般情况下，使用 C 语言的编程者偏向于使用 for(;;) 结构来表示无限循环。可以按 Ctrl + C 键终止一个无限循环。

3.11 函数

函数是 C 语言中十分重要的内容，几乎所有程序都用函数来实现。在编程中应用函数来解决实际问题主要有两个原因：一个是函数的编写能够将所需要实现的功能代码模块化，不仅利于调试，也提高了程序的可读性；另一个原因是在程序中使用函数能大大减少程序的复杂程度。实现某个功能原本需要几百行代码，但使用函数模块可能只需要几十行就能完成。之所以便捷，很大原因是因为函数不需要提供实参，它只提供一个能够实现某项功能的"框架"，这样一来，程序的灵活度就会提高。举个例子，假如有一个函数 $f(x)$，它要完成的功能是把一个数二等分，那么我们可以编写一串代码，使得 $f(x)$ 的表达式为 $x/2$，即 $f(x)=x / 2$，这样一来，每往该函数块里给一个数，函数就能求出这个数的二等分值，而不是对于每一个给定的数都写几行代码计算其二等分值。

函数的定义：给定一个数集 A，假设其中的元素为 x。现对 A 中的元素 x 施加对应法则 f，记作 $f(x)$，得到另一数集 B。假设 B 中的元素为 y。则 y 与 x 之间的等量关系可以用 $y = f(x)$ 表示。我们把这个关系式叫函数关系式，简称函数。函数概念含有三个要素：定义域 A、值域 B 和对应法则 f。其中，核心是对应法则 f，它是函数关系的本质特征。

在 C 语言编程中，常将一些常用的功能模块编写成函数，放在公共函数库中供大家调用。程序开发人员要善于利用函数，以减少重复编写程序段的工作量。

举个简单的例子。

[例 3.22] 函数应用实例。

```
/*
例 3.22
*/
#include <stdio.h>

void main()
```

```
    {
        void printstar();           /* 对 printstar 函数进行声明 */
        void print_message();       /* 对 print_message 函数进行声明 */
        printstar();                /* 调用 printstar 函数 */
        print_message();            /* 调用 print_message 函数 */
        printstar();                /* 调用 printstar 函数 */
    }
    void printstar()    /* 定义 printstar 函数 */
    {
    printf("* * * * * * * * * * * * *\n");
    }

    void print_message()    /* 定义 print_message 函数 */
    {
    printf("How do you do!\n");
    }
```

执行以上程序将输出以下结果，如图 3-39 所示。

图 3-39　例 3.22 运行结果

　　printstar 和 print_message 都是用户定义的函数名，分别用来输出一排"＊"号和一行英文字母。在定义这两个函数时指定函数的类型为 void，意为函数无类型，即无函数值，也就是说，执行这两个函数后不会把任何值带回 main 函数。

　　几点说明如下。

　　❶ 一个 C 语言程序由一个或多个程序模块组成，每一个程序模块作为一个源程序文件。对较大的程序，一般不希望把所有内容全放在一个文件中，而是将它们分别放在若干个源文件中，由若干个源程序文件组成一个 C 语言程序。这样便于分别编写和编译，提高调试效率。一个源程序文件可以为多个 C 语言程序共用。

　　❷ 一个源程序文件由一个或多个函数以及其他有关内容（如指令，数据声明与定义等）组成。一个源程序文件是一个编译单位，C 语言程序编译时是以源程序文件为单位进行编译的，而不是以函数为单位进行编译的。

3 C 语言程序的执行是从 main 函数开始的。如果在 main 函数中调用其他函数，在调用后流程返回 main 函数，在 main 函数中结束整个程序。

4 所有函数都是平行的，即在定义函数时是分别进行的，是相互独立的，一个函数并不从属于另一个函数，即函数不能嵌套定义。函数间可以相互调用，但不能调用 main 函数。main 函数是被操作系统调用的。

5 从用户的角度来看，函数分为两种。

a. 库函数。它是由系统提供的，用户不必自己定义，可直接使用它们。应该注意，不同的 C 语言编译系统提供的库函数的数量和功能会有一些不同，当然许多基本的函数是共同的。

b. 用户自己定义的函数。它是为解决用户专门需求由用户自己定义的。

6 从函数的形式来看，函数分为两类。

a. 无参函数。无参函数可以带回或不带回函数值，但一般不带回函数值较多。

b. 有参函数。在调用函数时，主调函数在调用被调函数时，通过参数向被调函数传递数据。一般情况下，执行被调函数时会得到一个函数值，供主调函数使用。

接下来我们一起来学习函数。

3.11.1 定义函数

C 语言中的函数定义的一般形式如下。

return_type function_name(parameter list)   //返回值类型 函数名称(参数)
{
    body of the function   //内容
}

在 C 语言中，函数由一个函数头和一个函数主体组成。下面列出了函数的所有组成部分。

返回类型：一个函数可以返回一个值。return_type 是函数返回值的数据类型。有些函数执行所需的操作而不返回值，在这种情况下，return_type 是关键字 void。

函数名称：这是函数的实际名称。函数名和参数列表一起构成了函数全名。

参数：参数就像是占位符。当函数被调用时，我们向参数传递一个值，这个值被称为实际参数。参数列表包括函数参数的类型、顺序、数量。参数是可选的，也就是说，函数可能不包含参数。

函数主体：函数主体包含一组定义函数执行任务的语句。

以下是 max 函数的源代码。该函数有两个参数 num1 和 num2，会返回这两个数中较大的那个数：

/* 函数返回两个数中较大的那个数 */

```
int max(int num1, int num2)
{
    /* 局部变量声明 */
    int result;

    if (num1 > num2)
        result = num1;
    else
        result = num2;

    return result;
}
```

3.11.2 函数声明

函数声明会告诉编译器函数名称及如何调用函数。函数的实际主体可以单独定义。函数声明包括以下几个部分：

return_type function_name(parameter list);

针对前文定义的函数 max，以下是该函数声明：

int max(int num1, int num2);

在函数声明中，参数的名称并不重要，只有参数的类型是必需的，因此下面也是有效的声明：

int max(int, int);

当我们在一个源文件中定义函数且在另一个文件中调用函数时，函数声明是必需的。在这种情况下，应该在调用函数的文件顶部声明函数。

3.11.3 调用函数

创建 C 函数时，会定义该函数的具体功能，明确了函数所要完成的任务后，当程序调用函数时，程序会自动跳至函数模块处执行函数。被调用的函数执行已定义的任务，当函数的返回语句被执行时，或到达函数的结束括号时，程序的执行权又会还给主程序。

调用函数时，传递所需参数，如果函数返回一个值，则可以存储返回值。

[例 3.23]调用函数实例。

```
/*
例 3.23
*/
```

```c
#include <stdio.h>

/* 函数声明 */
int max(int num1, int num2);

int main()
{
    /* 局部变量定义 */
    int a = 100;
    int b = 200;
    int ret;

    /* 调用函数来获取最大值 */
    ret = max(a, b);

    printf("Max value is : %d\n", ret);

    return 0;
}

/* 函数返回两个数中较大的那个数 */
int max(int num1, int num2)
{
    /* 局部变量声明 */
    int result;
    if (num1 > num2)
        result = num1;
    else
        result = num2;

return result;
}
```

把 max 函数和 main 函数放一起，编译源代码。当运行形成的可执行文件时，会产生下列结果，如图 3-40 所示。

图 3-40　例 3.23 运行结果

3.11.4　函数参数

如果函数要使用参数，则必须声明接受参数值的变量。这些变量称为函数的形式参数，简称为形参。形式参数就像函数内的临时局部变量，在进入函数时被创建，退出函数时被销毁。当调用函数时，有两种向函数传递参数的方式：传值调用和引用调用。

对于传值调用，即把参数的实际值复制并传递给函数的形式参数，在这种情况下，即使修改函数的形式参数，也不会影响到参数的实际值，即参数的实际值不会随着形式参数的修改而发生变化。

定义一个函数 swap，功能是交换两个变量的值，函数的定义如下：

```
/* 函数定义 */
void swap(int x, int y)
{
    int temp;

    temp = x; /* 保存 x 的值 */
    x = y;    /* 把 y 赋值给 x */
    y = temp; /* 把 temp 赋值给 y */

    return;
}
```

下面通过传递实际参数来调用函数 swap。

[例 3.24] 传值调用实例。

```
/*
例 3.24
*/
#include <stdio.h>

/* 函数声明 */
void swap(int x, int y);
```

```
int main()
{
    /* 局部变量定义 */
    int a = 100;
    int b = 200;

    printf("交换前，a 的值：%d\n", a);
    printf("交换前，b 的值：%d\n", b);

    /* 调用函数来交换值 */
    swap(a, b);

    printf("交换后，a 的值：%d\n", a);
    printf("交换后，b 的值：%d\n", b);

    return 0;
}

/* 函数定义 */
void swap(int x, int y)
{
    int temp;

    temp = x; /* 保存 x 的值 */
    x = y;    /* 把 y 赋值给 x */
    y = temp; /* 把 temp 赋值给 y */

    return;
}
```

代码被编译和执行时，会产生下列结果，如图 3-41 所示。

上面的实例表明了，虽然在函数内改变了 a 和 b 的值，但是实际上 a 和 b 的值没有发生变化。

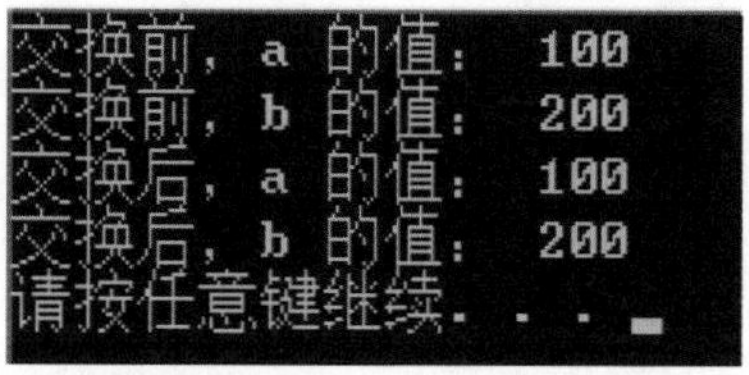

交换前，a 的值：100
交换前，b 的值：200
交换后，a 的值：100
交换后，b 的值：200
请按任意键继续. . .

图 3-41　例 3.24 运行结果

185

对于引用调用，通过引用传递方式，形参为指向实参地址的指针，当对形参的指向操作时，就相当于对实参本身进行操作。传递指针可以让多个函数访问指针所引用的对象，而不用把对象声明为全局可访问。

定义一个 swap 函数：

```
/* 函数定义 */
void swap(int *x, int *y)
{
    int temp;
    temp = *x;    /* 保存地址 x 的值 */
    *x = *y;     /* 把 y 赋值给 x */
    *y = temp;   /* 把 temp 赋值给 y */

    return;
}
```

通过引用调用来调用函数 swap。

[例 3.25] 引用调用实例。

```
/*
例 3.25
*/
#include <stdio.h>

/* 函数声明 */
void swap(int *x, int *y);

int main()
{
    /* 局部变量定义 */
    int a = 100;
    int b = 200;

    printf("交换前，a 的值：%d\n", a);
    printf("交换前，b 的值：%d\n", b);

    /* 调用函数来交换值
```

```
  * &a 表示指向 a 的指针，即变量 a 的地址
  * &b 表示指向 b 的指针，即变量 b 的地址
  */
  swap(&a, &b);

  printf("交换后，a 的值：%d\n", a);
  printf("交换后，b 的值：%d\n", b);

  return 0;
}


/* 函数定义 */
void swap(int *x, int *y)
{
  int temp;
  temp = *x;   /* 保存地址 x 的值 */
  *x = *y;     /* 把 y 赋值给 x */
  *y = temp;   /* 把 temp 赋值给 y */

  return;
}
```

代码被编译和执行时，会产生下列结果，如图 3-42 所示。

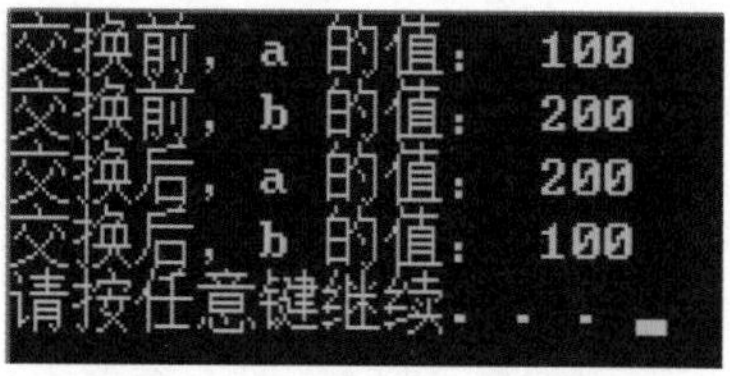

图 3-42　例 3.25 运行结果

上面的实例表明了，与传值调用不同，引用调用在函数内改变了 a 和 b 的值，实际上也改变了函数外 a 和 b 的值。

3.12 数组

这一节我们来介绍一下程序设计中另一个非常重要的内容——数组。所谓数组，即将有限个同类型的数据归结起来组成的集合，在某个数组中，代表同类型数据集合的命名称为数组名，数组中的每一个数据称为该数组的元素，有时也称为下标变量。用于区分数组中每个元素所在位置的编号称为数组元素的下标。数组是在程序设计中，为了处理方便，把具有相同类型的若干元素按无序的形式组织起来的形式。

按照维度分，数组可分为一维数组、二维数组、三维数组等。按照元素类型分，数组又可分为数值数组、字符数组、指针数组、结构数组等。

数组的声明并不是声明一个个单独的变量，比如 number0、number1、…、number99，而是声明一个数组变量，比如声明一个数组为 ArrayName，然后使用 ArrayName[0]、ArrayName[1]、…、ArrayName[99] 来代表名为 ArrayName 数组中一个个单独的变量。数组中的特定元素可以通过索引访问。索引即为用于区分数组中每个元素所在位置的编号，称为数组元素的下标。

所有的数组都是由连续的内存位置组成。最低的地址对应第一个元素，最高的地址对应最后一个元素。这里要注意的是，数组的第一个元素，它的下标并非"1"，而是"0"，即数组元素在数组中按顺序排列，分为第一个元素、第二个元素、…、第 n 个元素，对应的位置下标为 0、1、…，$n-1$。

3.12.1 声明数组

在 C 语言中要声明一个数组，需要指定元素的类型和元素的数量，如下所示：

type ArrayName[arraySize];

type 代表了该数组中元素的类型，例如要声明一个由若干整数组成的数组，说明该数组为 int 型，那么应该这样声明：

int ArrayName[arraySize];

ArrayName 可以是任何合法的命名。

arraySize 是数组的长度，即该数组中要存放多少个元素。

例如，要定义一个存放有 10 个浮点数的数组，数组的名称取为 Flarray，那么应该这样定义：

float Flarray[10];

3.12.2 初始化数组

在 C 语言中，可以逐个初始化数组，也可以使用一个初始化语句，如下所示：

float Flarray[5] = { 1.0, 3.14, 2.5, 50.0, 1000.0 };

注意："括号"[]"中的数字被确定下来，那么意味着该数组的长度就被确定，其后面大括号"{}"中的元素的个数就不得超过"[]"所指定的数。比如上述程序，[]中的数为 5，说明该数组长度为 5，数组中元素的个数可以是 5 个，也可以少于 5 个，但一定不能大于 5 个。如果是少于 5 个的情况，那么系统会自动将剩下的元素变成"0"。如果省略掉数组的大小，数组的大小则为初始化时元素的个数。因此，如果：

float Flarray[] = { 1.0, 3.14, 2.5, 50.0, 1000.0 };

那么该数组的长度就默认为 5，因为没有指定数组长度时，系统会自动计算给定元素的个数，并将这个个数规定为数组的长度。

3.12.3 访问数组元素

要访问数组中的元素，可以通过数组元素的下标索引来访问。元素的索引放在方括号内，跟在数组名称的后边。下标索引就好比是每一个元素的特有名字，每一个编号都会对应唯一的元素。例如：

float number = float Flarray[0];

那么在这里，number 的值就取到了数组 Flarray 中的第一个元素，因此 number 的值为 1.0。

下面的实例使用了上述的三个概念，即声明数组、数组赋值、访问数组。

[例 3.26] 数组应用实例。

```
/*
例 3.26
*/
#include <stdio.h>
int main()
{
    int n[10]; /* n 是一个包含 10 个整数的数组 */
    int i, j;

    /* 初始化数组元素 */
    for (i = 0; i < 10; i++)
    {
        n[i] = i + 100; /* 设置元素 i 为 i + 100 */
    }
```

```
/* 输出数组中每个元素的值 */
for (j = 0; j < 10; j++)
{
    printf("Element[%d] = %d\n", j, n[j]);
}


return 0;
}
```

代码被编译和执行时，会产生下列结果，如图 3-43 所示。

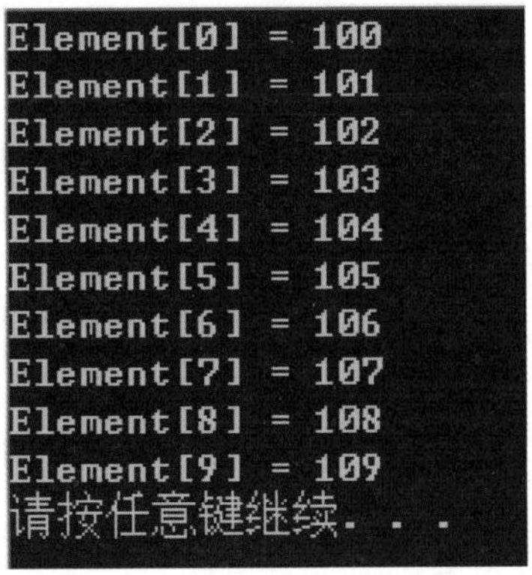

```
Element[0] = 100
Element[1] = 101
Element[2] = 102
Element[3] = 103
Element[4] = 104
Element[5] = 105
Element[6] = 106
Element[7] = 107
Element[8] = 108
Element[9] = 109
请按任意键继续. . .
```

图 3-43　例 3.26 运行结果

几乎所有的编程语言中数组的概念都是非常重要的，数组的存在大大减小了数据处理的复杂程度，也提高了数据管理的便捷性。为了更便捷，我们还需要具体学习以下内容：多维数组、传递数组给函数。

3.12.4 多维数组

多维数组声明的一般形式如下：

type name[size1][size2]...[sizeN];

例如，下面的声明创建了一个 3 行 2 列的二维整型数组：

int name[3][2];

在多维数组中，二维数组是最简单的数组形式，一个二维数组，在本质上是一个一维数组的列表。声明一个 x 行 y 列的二维整型数组，形式如下：

type arrayName[x][y];

其中，type 可以是任意有效的 C 语言数据类型；arrayName 是一个有效的 C 语言标识符。一个二维数组可以被认为是一个带有 x 行和 y 列的表格，如表 3-13 所示（这里假设数组名为 a）。

表 3-13　二维数组

行列	第一列	第二列	第三列	第四列	第五列
第一行	a[0][0]	a[0][1]	a[0][2]	a[0][3]	a[0][4]
第二行	a[1][0]	a[1][1]	a[1][2]	a[1][3]	a[1][4]
第三行	a[2][0]	a[2][1]	a[2][2]	a[2][3]	a[2][4]
第四行	a[3][0]	a[3][1]	a[3][2]	a[3][3]	a[3][4]

数组中的每个元素是用形式为 a[i , j] 的元素名称来标识的，其中 a 是数组名称，i 和 j 是唯一标识 a 中每个元素的下标。

对于二维数组的初始化，可以通过在括号内为每行指定值来进行初始化。下面是定义并赋值一个 3 行 4 列的数组：

```
int a[3][4] = {
    { 0, 1, 2, 3 },      /* 初始化索引号为 0 的行 */
    { 4, 5, 6, 7 },      /* 初始化索引号为 1 的行 */
    { 8, 9, 10, 11 }     /* 初始化索引号为 2 的行 */
};
```

内部嵌套的括号是可选的，下面的初始化与上面是等同的：

```
int a[3][4] = { 0,1,2,3,4,5,6,7,8,9,10,11 };
```

对于二维数组的访问，也是通过元素的索引下标来访问的，只不过在二维数组中，元素的索引既有行下标又有列下标。在访问二维数组的时候，需要同时考虑元素所在位置的行下标与列下标。例如：

```
int val = a[2][3];
```

该语句将获取数组中第 3 行第 4 个元素。下面的实例将使用嵌套循环来处理二维数组。

[例 3.27] 二维数组应用实例。

```
/*
例 3.27
*/
#include <stdio.h>
int main()
{
    /* 一个带有 5 行 2 列的数组 */
```

```
int a[5][2] = { { 0,0 },{ 1,2 },{ 2,4 },{ 3,6 },{ 4,8 } };
int i, j;

/* 输出数组中每个元素的值 */
for (i = 0; i < 5; i++)
{
    for (j = 0; j < 2; j++)
    {
        printf("a[%d][%d] = %d\n", i, j, a[i][j]);
    }
}
return 0;
}
```

代码被编译和执行时，会产生下列结果，如图 3-44 所示。

```
a[0][0] = 0
a[0][1] = 0
a[1][0] = 1
a[1][1] = 2
a[2][0] = 2
a[2][1] = 4
a[3][0] = 3
a[3][1] = 6
a[4][0] = 4
a[4][1] = 8
请按任意键继续. . .
```

图 3-44 例 3.27 运行结果

如上所述，可以创建任意维度的数组，但是一般情况下，常创建的数组是一维数组和二维数组。

3.12.5 传递数组给函数

在 C 语言编程中，如果想要在函数中传递一个一维数组作为参数，必须以下面三种方式来声明函数形式参数，这三种声明方式的结果是一样的，因为每种方式都会告诉编译器将要接收一个整型指针。同样，也可以传递一个多维数组作为形式参数。

方式一：形式参数是一个指针（指针内容超出本书范围）。

```
void myFunction(int *param)
```

```
{

……

}
```

方式二：形式参数是一个未定义大小的数组。

```
void myFunction(int param[])
{

……

}
```

方式三：形式参数是一个已定义大小的数组。

```
void myFunction(int param[10])
{

……

}
```

下面这个函数把数组作为参数，同时还传递了另一个参数，根据所传的参数，会返回数组中各元素的平均值：

```
double getAverage(int arr[], int size)
{
    int    i;
    double avg;
    double sum = 0;

    for (i = 0; i < size; ++i)
    {
        sum += arr[i];
    }

    avg = sum / size;
```

```
    return avg;
}
```

举例调用定义的 getAverage 函数，如下所示。

[例 3.28] 传递数组给函数的应用实例。

```
/*
例 3.28
*/
#include <stdio.h>

/* 函数声明 */
double getAverage(int arr[], int size);

int main()
{
    /* 带有 5 个元素的整型数组 */
    int balance[5] = { 1000, 2, 3, 17, 50 };
    double avg;

    /* 传递一个指向数组的指针作为参数 */
    avg = getAverage(balance, 5);

    /* 输出返回值 */
    printf("平均值是：%f", avg);

    return 0;
}

double getAverage(int arr[], int size)
{
    int    i;
    double avg;
    double sum = 0;

    for (i = 0; i < size; ++i)
```

```
    {
        sum += arr[i];
    }

    avg = sum / size;

    return avg;
}
```

代码被编译和执行时，会产生下列结果，如图 3-45 所示。

图 3-45   例 3.28 运行结果

可以看到，就函数而言，数组的长度是无关紧要的，因为 C 语言不会对形式参数执行边界检查。

学到这里，简单常用的 C 语言基础知识基本包含在前面几节内容里，但还有一些知识需要做补充，也有助于大家对上述所讲的内容有更深的理解。下面，我们就来简单介绍一下这些知识。

3.13   字符串

我们前面学习了数组的相关知识，事实上，字符串就是一串以一个终止标志"\0"为结尾的一维数组，该数组的类型为字符型。下面的声明和初始化创建了一个"Hello"字符串。

char greeting[6] = {'H', 'e', 'l', 'l', 'o', '\0'};

由于在数组的末尾存储了空字符"\0"，所以字符数组的大小比单词"Hello"的字符数多一个。根据初始化数组的规则，还可以把上面的语句写成以下形式：

char greeting[] ="Hello";

事实上，数组的最后一个字符"\0"通常是不予显示的，但是系统能检测到，所以在定义一个字符串常量的时候是不需要刻意加上"\0"的，因为当编译器在初始化数组时，会自动给该字符串补上终止符"\0"。让我们尝试输出上面的字符串。

[例 3.29] 字符串应用实例。

/*

例 3.29
*/
#include <stdio.h>

int main()
{
    char greeting[6] = {'H', 'e', 'l', 'l', 'o', '\0'};

    printf("Greeting message: %s\n", greeting);

    return 0;
}

代码被编译和执行时，会产生下列结果，如图 3-46 所示。

```
Greeting message: Hello
请按任意键继续. . .
```

图 3-46　例 3.29 运行结果

    C 语言中提供了大量用于操作字符串的函数，表 3-14 列出了一些常用的字符串操作函数。

表 3-14　常用字符串操作函数

序号	函数形式和相关功能
1	strcpy(s1, s2); 复制字符串 s2 到字符串 s1
2	strcat(s1, s2); 连接字符串 s2 到字符串 s1 的末尾
3	strlen(s1); 返回字符串 s1 的长度
4	strcmp(s1, s2); 如果 s1 和 s2 是相同的，则返回 0；如果 s1<s2 则返回小于 0；如果 s1>s2 则返回大于 0
5	strchr(s1, ch); 返回一个指针，指向字符串 s1 中字符 ch 第一次出现的位置
6	strstr(s1, s2); 返回一个指针，指向字符串 s1 中字符串 s2 第一次出现的位置

    通过下面实例来理解一下上述函数。

[例 3.30] 字符串操作函数应用实例。

```c
/*
例 3.30
*/
#include <stdio.h>
#include <string.h>

int main()
{
    char str1[12] = "Hello";
    char str2[12] = "World";
    char str3[12];
    int  len;

    /* 复制 str1 到 str3 */
    strcpy(str3, str1);
    printf("strcpy( str3, str1) : %s\n", str3);

    /* 连接 str1 和 str2 */
    strcat(str1, str2);
    printf("strcat( str1, str2):  %s\n", str1);

    /* 连接后，str1 的总长度 */
    len = strlen(str1);
    printf("strlen(str1) : %d\n", len);

    return 0;
}
```

代码被编译和执行时，会产生下列结果，如图 3-47 所示。

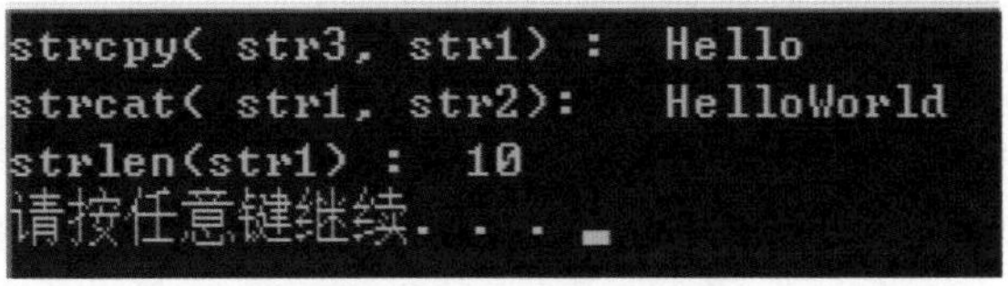

图 3-47 例 3.30 运行结果

3.14 输入和输出

一个程序要使它能够真正执行具有实际意义的任务，需要给程序送入一些真实数据，使程序能够按照指定的规则来处理这些数据，这就意味着在程序中需要有一些能够接收输入的指令。C 语言提供了一系列内置的函数来读取给定的输入，并根据需要填充到程序中。

当完成对输入的操作后，往往需要将数据处理后的结果输出到屏幕中使结果可视，同样，这需要在程序中提供能够输出结果并打印到屏幕上的指令。C 语言提供了一系列内置的函数来输出数据到计算机屏幕上和保存数据到文本文件或二进制文件中。

下面我们来介绍一些常用的输入输出函数。

3.14.1 标准文件

C 语言把所有的设备都当作文件。所以设备（比如显示器）被处理的方式与文件相同。表 3-15 所示的三个文件会在程序执行时自动打开，以便访问键盘和屏幕。

表 3-15　标准文件

标准文件	文件指针	设备
标准输入	stdin	键盘
标准输出	stdout	屏幕
标准错误	stderr	屏幕

文件指针是访问文件的方式，本节将讲解如何从屏幕读取值以及如何把结果输出到屏幕上。

C 语言中的 I / O (输入／输出) 通常使用 printf 和 scanf 两个函数。

scanf 函数用于从标准输入（键盘）读取数据并格式化，printf 函数发送格式化输出到标准输出（屏幕）。

[例 3.31] printf 函数应用实例。

```
/*
例 3.31
*/
#include <stdio.h>    // 执行 printf 函数需要该库
int main()
{
```

```
    printf("祖国您好！"); //显示引号中的内容
    return 0;
}
```

编译以上程序，运行结果如图 3-48 所示。

图 3-48 例 3.31 运行结果

在上述程序中，main 函数是主函数，所有的 C 语言程序都需要包含 main 函数。代码从 main 函数开始执行。printf 用于格式化输出到屏幕。printf 函数在"stdio.h"文件中声明。"stdio.h"是一个头文件(标准输入输出头文件)。"#include"是一个预处理命令，用来引入头文件。当编译器遇到 printf 函数时，如果没有找到 stdio.h 头文件，会发生编译错误。"return 0;"语句用于表示退出程序。

所谓格式化，即用一些数据类型的匹配字符来格式化需要打印的数据，因为所有的原始数据都是二进制数。二进制数是计算机所能识别的语言，如果要做到人眼能识别，就需要将这些二进制数格式化为我们能认出的标准文字。例如，使用"%d"来匹配整型变量。

[例 3.32] "%d"匹配整型变量。

```
/*
例 3.32
*/
#include <stdio.h>
int main()
{
    int testInteger = 5;
    printf("Number = %d", testInteger);
    return 0;
}
```

编译以上程序，运行结果如图 3-49 所示。

Number = 5
请按任意键继续. . . ■

图 3-49 例 3.32 运行结果

在 printf 函数的引号中使用"%d"(整型)来匹配整型变量 testInteger 并输出到屏幕。又例如下例使用"%f"来匹配浮点型数据。

[例 3.33] "%f"匹配浮点型数据。

```
/*
例 3.33
*/
#include <stdio.h>
int main()
{
    float f;
    printf("Enter a number: ");
    // %f 匹配浮点型数据
    scanf("%f", &f);
    printf("Value = %f", f);
    return 0;
}
```

程序运行结果如图 3-50 所示。

```
Enter a number: 123
Value = 123.000000请按任意键继续. . . _
```

图 3-50   例 3.33 运行结果

3.14.2 getchar 和 putchar 函数

"int getchar(void)"函数从屏幕读取下一个可用的字符,并把它返回为一个整数。这个函数在同一个时间内只会读取一个字符。可以在循环内使用这个函数,以便从屏幕上读取多个字符。

"int putchar(int c)"函数把字符输出到屏幕上,并返回相同的字符。这个函数在同一个时间内只会输出一个字符。可以在循环内使用这个方法,以便在屏幕上输出多个字符。

[例 3.34] putchar 函数应用实例。

```
/*
例 3.34
*/
```

```
#include <stdio.h>

int main()
{
    int c;

    printf("Enter a value :");
    c = getchar();

    printf("\nYou entered: ");
    putchar(c);
    printf("\n");
    return 0;
}
```

代码被编译和执行时，会等待输入一些文本，当输入一个文本并按下回车键时，程序会继续运行并只会读取一个字符，结果如图 3-51 所示。

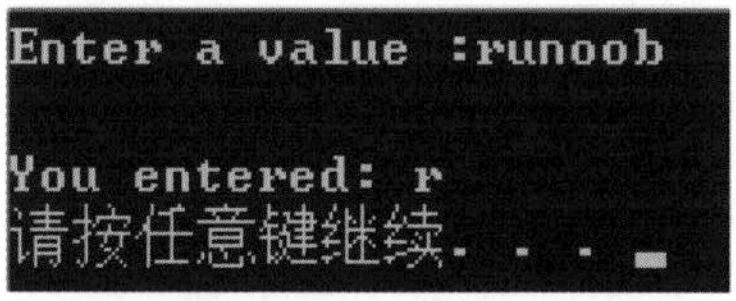

图 3-51　例 3.34 运行结果

3.14.3　gets 和 puts 函数

gets 和 puts 函数都是针对字符串类型处理的，传入的参数是 char＊型或 char[] 型。gets 是输入字符串函数，puts 是字符串输出函数。

[例 3.35] gets 和 puts 函数应用实例。

```
/＊
例 3.35
＊/
#include <stdio.h>
int main()
{
    char str[100];
```

```
    printf("Enter a value :");
    gets(str);

    printf("\nYou entered: ");
    puts(str);
    return 0;
}
```

代码被编译和执行时，会等待输入一些文本，当输入一个文本并按下回车键时，程序会继续执行并读取一整行直到该行结束，结果如图 3-52 所示。

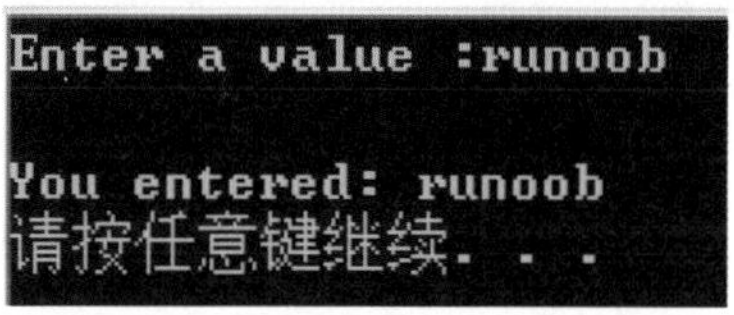

图 3-52　例 3.35 运行结果

3.14.4　scanf 和 printf 函数

scanf 是执行标准格式化输入的函数，它从标准输入设备（键盘等）读取输入的任何形式的数据，并将输入数据标准格式化成计算机格式数据，以供计算机程序对数据进行处理。printf 是执行格式化输出，它将需要输出的数据（计算机格式）转化成我们所能认出的格式并打印到屏幕上。scanf 与 printf 类似于一个编码-解码的过程。

下面用一个简单的实例来加深理解。

[例 3.36] scanf 和 printf 函数应用实例。

```
/*
例 3.36
*/
#include <stdio.h>
int main() {

    char str[100];
    int i;

    printf("Enter a value :");
    scanf("%s %d", str, &i);
```

```
printf("\nYou entered: %s %d ", str, i);
printf("\n");
return 0;
}
```

代码被编译和执行时，它会等待输入一些文本，当输入一个文本并按下回车键时，程序会继续执行并读取输入，结果如图 3-53 所示。

图 3-53　例 3.36 运行结果

3.15　进制

进制就是我们进位计数的方法，对于任何一种进制数 x 进制，我们规定在计数过程中，逢 x 就进一位。例如，使用最广泛的进制是十进制，逢 10 进 1，在数数的时候，当个位数数到 9 的时候，我们很自然地就会向前一位进 1。

除了十进制，我们还会经常使用二进制、十六进制，在计算机科学中，二进制是应用最广的进制方法。接下来，我们来简单介绍一下二进制与十六进制。

3.15.1　二进制

二进制数的特点是它只有 0 和 1 两个数，不像十进制那样有 0~9 十个数。二进制的所有计算都基于 0 和 1，也正是这个特点，二进制的计算规则为"逢 2 进 1"。为了区别于其他进制，二进制数的书写通常在数的右下方注上基数 2 或在后面加 B 表示。B 是英文二进制 Binary 的首字母。例如二进制数 10110011 可以写成 $(10110011)_2$，或写成 10110011B。

加法：对于二进制加法，由于逢 2 进 1 的法则，例如 11 + 10，各位相加逢 2 进 1，1 就变成 0，0 就变成 1，而且当有进位发生时，还需要往前进一位，因此，11 + 10 = 101。类似，如果 101 + 11，就等于 1000。

减法：对于二进制的减法，建议不要按照惯性思维去计算，例如计算 1101 − 10，如果按照惯性思维，会想当然地各位相减，不够减的往前借一位，变成 1，而被借的位变成 0，以此类推，那么按照这种思维，计算出 1101 − 10 应该等于 1001，但实际上，应该等于 1011。因此在减法操作中，建议逆向思维来计算，把被减数当成和,把减数当成被加数,把差当成加数,从而逆向推导加数的值,算出来的加数就等于原式的差。

二进制计数有个缺陷,就是经常会出现位数过长的情况,造成读写不便,如把十进制的 100000 写成二进制就是 11000011010100000B,所以计算机领域实际采用的是十六进制。

3.15.2　十六进制

十六进制数是由 0～9 十个数字加上 A～F 六个字母组成,刚好算起来有十六个字符,A～F 六个字母可以看作对应于十进制数的 10～15。另外,十六进制数遵循逢 16 进 1 的法则,十六进制通常在表示时用尾部标志 H 或下标 16 以示区别。在 C 语言中用添加前缀 0x 以表示十六进制数。例如,十六进制数 4AC8 可写成 $(4AC8)_{16}$,或写成 4AC8H。

3.15.3　进制间的转换

（1）二进制数、十六进制数转换为十进制数（按权求和）

二进制数、十六进制数转换为十进制数的规律是相同的。把二进制数(或十六进制数)按位权形式展开多项式和的形式,求其最后的和就是对应的十进制数,简称"按权求和"。

[例]　把 $(1001.01)_2$ 转换为十进制数。

解:$(1001.01)_2$

$= 8 \times 1 + 4 \times 0 + 2 \times 0 + 1 \times 1 + 0 \times (1 / 2) + 1 \times (1 / 4)$

$= 8 + 0 + 0 + 1 + 0 + 0.25$

$= 9.25$

[例]　把 $(38A.11)_{16}$ 转换为十进制数。

解:$(38A.11)_{16}$

$= 3 \times 16^2 + 8 \times 16^1 + 10 \times 16^0 + 1 \times 16^{-1} + 1 \times 16^{-2}$

$= 768 + 128 + 10 + 0.0625 + 0.0039$

$= 906.0664$

（2）十进制数转换为二进制数、十六进制数（除 2、16 取余法）

整数转换:一个十进制整数转换为二进制整数通常采用除二取余法,即用 2 连续除十进制数,直到商为 0,逆序排列余数即可得到,简称除二取余法。

[例]　将 25 转换为二进制数。

解:$25 \div 2 = 12$ 余数 1

$12 \div 2 = 6$ 余数 0

$6 \div 2 = 3$ 余数 0

$3 \div 2 = 1$ 余数 1

$1 \div 2 = 0$ 余数 1

所以 $25 = (11001)_2$

同理，把十进制数转换为十六进制数时，将基数 2 转换成 16 就可以了。

[例] 将 25 转换为十六进制数。

解：$25 \div 16 = 1$ 余数 9

$1 \div 16 = 0$ 余数 1

所以 $25 = (19)_{16}$

（3）二进制数与十六进制数之间的转换

由于 4 位二进制数恰好有 16 个组合状态，即 1 位十六进制数与 4 位二进制数是一一对应的，所以十六进制数与二进制数的转换是十分简单的。

① 十六进制数转换成二进制数，只要将每一位十六进制数用对应的 4 位二进制数替代即可，简称位分四位。

[例] 将 $(4AF8B)_{16}$ 转换为二进制数。

解：4 A F 8 B

0100 1010 1111 1000 1011

所以 $(4AF8B)_{16} = (10010101111110001011)_2$

② 二进制数转换为十六进制数，以小数点分界，分别向左、向右每 4 位一组，依次写出每组 4 位二进制数所对应的十六进制数，简称四位合一位。

[例] 将二进制数 $(000111010110)_2$ 转换为十六进制数。

解：0001 1101 0110

1 D 6

所以 $(111010110)_2 = (1D6)_{16}$

转换时注意最后一组不足 4 位时必须加 0 补齐 4 位。

3.16 一些经典编程基础实例

1 用 C 语言实现交换两个变量的值。

[例 3.37]

```
/*
例 3.37
*/
```

```
#include <stdio.h>
int main()
{
    double firstNumber, secondNumber, temporaryVariable;

    printf("输入第一个数字: ");
    scanf("%lf", &firstNumber);
    printf("输入第二个数字: ");
    scanf("%lf", &secondNumber);

    // 将第一个数的值赋值给 temporaryVariable
    temporaryVariable = firstNumber;

    // 第二个数的值赋值给 firstNumber
    firstNumber = secondNumber;

    // 将 temporaryVariable 赋值给 secondNumber
    secondNumber = temporaryVariable;

    printf("\n 交换后, firstNumber = %.2lf \n", firstNumber);
    printf("交换后, secondNumber = %.2lf \n", secondNumber);

    return 0;
}
```

程序执行结果如图 3-54 所示。

图 3-54 例 3.37 运行结果

2 用 C 语言实现判断输入数据的奇偶。

[例 3.38]

```
/*
例 3.38
*/
#include <stdio.h>

int main()
{
    int number;

    printf("请输入一个整数: ");
    scanf("%d", &number);

    // 判断这个数除以 2 的余数
    if (number % 2 == 0)
        printf("%d 是偶数。", number);
    else
        printf("%d 是奇数。", number);

    return 0;
}
```

程序执行结果如图 3-55 所示。

图 3-55　例 3.38 运行结果

3 用 C 语言实现，找出三个输入数中最大值。

[例 3.39]

```
/*
例 3.39
*/
```

```
#include <stdio.h>

int main()
{
    double n1, n2, n3;

    printf("请输入三个数，以空格分隔: ");
    scanf("%lf %lf %lf", &n1, &n2, &n3);

    if (n1 >= n2 && n1 >= n3)
        printf("%.2f 是最大数。", n1);

    if (n2 >= n1 && n2 >= n3)
        printf("%.2f 是最大数。", n2);

    if (n3 >= n1 && n3 >= n2)
        printf("%.2f 是最大数。", n3);

    return 0;
}
```

程序执行结果如图 3-56 所示。

图 3-56　例 3.39 运行结果

4 用 C 语言实现，当输入某个年份，判断该年份是否为闰年。

[例 3.40]

```
/*
例 3.40
*/
#include <stdio.h>

int main()
```

```
{
    int year;

    printf("输入年份: ");
    scanf("%d", &year);

    if (year % 4 == 0)
    {
        if (year % 100 == 0)
        {
            // 这里如果被 400 整除是闰年
            if (year % 400 == 0)
                printf("%d 是闰年\n", year);
            else
                printf("%d 不是闰年\n", year);
        }
        else
            printf("%d 是闰年\n", year);
    }
    else
        printf("%d 不是闰年\n", year);

    return 0;
}
```

程序执行结果如图 3-57 所示。

图 3-57　例 3.40 运行结果

5 用 C 语言实现，计算若干个自然数之和。

[例 3.41] 用 for 循环实现。

```
/*
```

例 3.41

*/

```c
#include <stdio.h>
int main()
{
    int n, i, sum = 0;

    printf("输入一个正整数: ");
    scanf("%d", &n);

    for (i = 1; i <= n; ++i)
    {
        sum += i;   // sum = sum+i;
    }

    printf("Sum = %d\n", sum);

    return 0;
}
```

程序运行结果如图 3-58 所示。

图 3-58　例 3.41 运行结果

[例 3.42] 用 while 实现。

/*

例 3.42

*/

```c
#include <stdio.h>
int main()
{
    int n, i, sum = 0;
```

```c
    printf("输入一个正整数: ");
    scanf("%d", &n);

    i = 1;
    while (i <= n)
    {
        sum += i;
        ++i;
    }

    printf("Sum = %d\n", sum);

    return 0;
}
```

程序运行结果如图 3-59 所示。

图 3-59　例 3.42 运行结果

[例 3.43] 用递归实现。

```c
/*
例 3.43
*/
#include <stdio.h>
int addNumbers(int n);

int main()
{
    int num;
    printf("输入一个整数: ");
    scanf("%d", &num);
    printf("Sum = %d\n", addNumbers(num));
    return 0;
}
```

```
int addNumbers(int n)
{
    if (n != 0)
        return n + addNumbers(n - 1);
    else
        return n;
}
```

程序运行结果如图 3-60 所示。

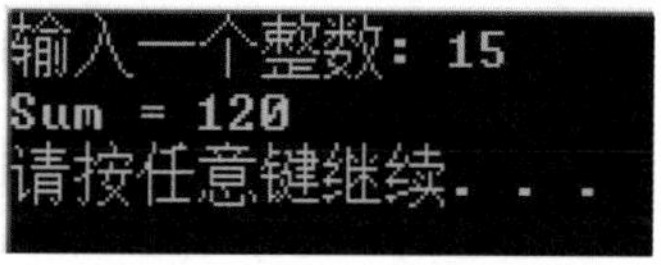

图 3-60　例 3.43 运行结果

递归指的是在函数的定义中使用函数自身的方法。语法格式为：

```
void recursion()
{
    statements;
    ......
        recursion(); /* 函数调用自身 */
    ......
}


int main()
{
    recursion();
}
```

C 语言支持递归，即一个函数可以调用其自身。但在使用递归时，编程者需要注意定义一个从函数退出的条件，否则会进入死循环。

[例 3.44]使用递归函数计算一个给定数的阶乘。

```
/*
例 3.44
*/
#include <stdio.h>
```

```
double factorial(unsigned int i)
{
    if (i <= 1)
    {
        return 1;
    }
    return i * factorial(i-1);
}
int  main()
{
    int i = 15;
    printf("%d 的阶乘为 %f\n", i, factorial(i));
    return 0;
}
```

程序执行结果如图 3-61 所示。

图 3-61　例 3.44 运行结果

递归问题中有个十分著名的问题——斐波那契数列。斐波那契数列（Fibonacci sequence）又称黄金分割数列，因数学家列昂纳多·斐波那契（Leonardoda Fibonacci）以兔子繁殖为例子而引入，故又称为"兔子数列"，指的是这样一个数列：1、1、2、3、5、8、13、21、34……这个数列中，从第三项开始，每一项都等于前两项之和。

6 使用递归函数生成一个给定数的斐波那契数列。

[例 3.45]
```
/*
例 3.45
*/
#include <stdio.h>
int fibonacci(int i)
{
```

```
    if (i == 0)
    {
        return 0;
    }
    if (i == 1)
    {
        return 1;
    }
    return fibonacci(i－1) + fibonacci(i－2);
}


int  main()
{
    int i;
    for (i = 0; i < 10; i++)
    {
        printf("%d\t\n", fibonacci(i));
    }
    return 0;
}
```

程序执行结果如图 3-62 所示。

图 3-62　例 3.45 运行结果

7 用 C 语言实现，输出九九乘法表。

[例 3.46]

```
/*
例 3.46
*/

#include<stdio.h>

int main() {
    //外层循环变量,控制行
    int i = 0;
    //内层循环变量,控制列
    int j = 0;
    for (i = 1; i <= 9; i++) {
        for (j = 1; j <= i; j++) {
            printf("%dx%d=%d\t", j, i, i*j);
        }
        //每行输出完后换行
        printf("\n");
    }
}
```

程序执行结果如图 3-63 所示。

```
1x1=1
1x2=2   2x2=4
1x3=3   2x3=6   3x3=9
1x4=4   2x4=8   3x4=12   4x4=16
1x5=5   2x5=10  3x5=15   4x5=20   5x5=25
1x6=6   2x6=12  3x6=18   4x6=24   5x6=30   6x6=36
1x7=7   2x7=14  3x7=21   4x7=28   5x7=35   6x7=42   7x7=49
1x8=8   2x8=16  3x8=24   4x8=32   5x8=40   6x8=48   7x8=56   8x8=64
1x9=9   2x9=18  3x9=27   4x9=36   5x9=45   6x9=54   7x9=63   8x9=72   9x9=81
请按任意键继续. . .
```

图 3-63 例 3.46 运行结果

8 用 C 语言实现，求两个输入数的最大公约数。

[例 3.47] 使用 for 和 if。

```
/*
例 3.47
```

```
*/
#include <stdio.h>

int main()
{
    int n1, n2, i, gcd;

    printf("输入两个正整数，以空格分隔: ");
    scanf("%d %d", &n1, &n2);

    for (i = 1; i <= n1 && i <= n2; ++i)
    {
        // 判断 i 是否为最大公约数
        if (n1%i == 0 && n2%i == 0)
            gcd = i;
    }

    printf("%d 和 %d 的最大公约数是 %d\n", n1, n2, gcd);

    return 0;
}
```

程序执行结果如图 3-64 所示。

图 3-64　例 3.47 运行结果

[例 3.48] 使用 while 和 if。

```
/*
例 3.48
*/
#include <stdio.h>
int main()
{
```

```
    int n1, n2;

    printf("输入两个数，以空格分隔: ");
    scanf("%d %d", &n1, &n2);

    while (n1 != n2)
    {
        if (n1 > n2)
            n1 -= n2;
        else
            n2 -= n1;
    }
    printf("GCD = %d\n", n1);

    return 0;
}
```

程序执行结果如图 3-65 所示。

图 3-65　例 3.48 运行结果

9 用 C 语言实现，求两个输入数的最小公倍数。

[例 3.49]使用 while 和 if。

```
/*
例 3.49
*/
#include <stdio.h>

int main()
{
    int n1, n2, minMultiple;
    printf("输入两个正整数: ");
    scanf("%d %d", &n1, &n2);
```

```
// 判断两数较大的值，并赋值给 minMultiple
minMultiple = (n1>n2) ? n1 : n2;

// 条件为 true
while (1)
{
    if (minMultiple%n1 == 0 && minMultiple%n2 == 0)
    {
        printf("%d 和 %d 的最小公倍数为 %d\n", n1, n2, minMultiple);
        break;
    }
    ++minMultiple;
}
return 0;
}
```

程序执行结果如图 3-66 所示。

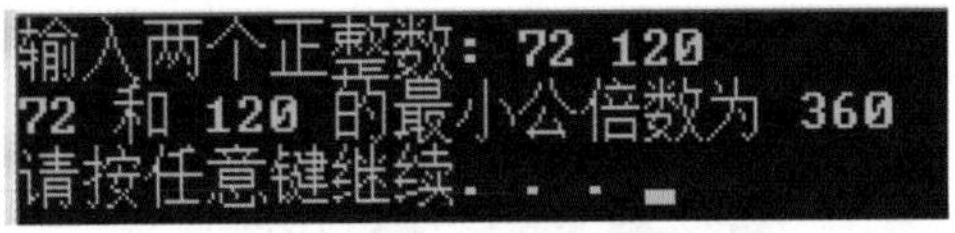

图 3-66   例 3-49 运行结果

[例 3.50] 通过最大公约数计算。

```
/*
例 3.50
*/
#include <stdio.h>
int main()
{
    int n1, n2, i, gcd, lcm;

    printf("输入两个正整数: ");
    scanf("%d %d", &n1, &n2);

    for (i = 1; i <= n1 && i <= n2; ++i)
    {
```

```
    // 判断最大公约数
    if (n1%i == 0 && n2%i == 0)
        gcd = i;
}


lcm = (n1*n2) / gcd;
printf("%d 和 %d 的最小公倍数为 %d\n", n1, n2, lcm);


return 0;
}
```

程序执行结果如图 3-67 所示。

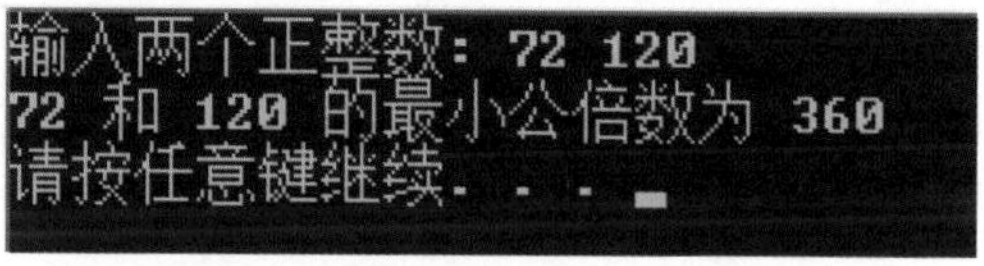

图 3-67　例 3.50 运行结果

10 用 C 语言实现，循环输出 26 个字母。

[例 3.51]

```
/*
例 3.51
*/
#include <stdio.h>


int main()
{
    char c;

    for (c = 'A'; c <= 'Z'; ++c)
        printf("%c ", c);
    printf("\n");
    return 0;
}
```

程序执行结果如图 3-68 所示。

A B C D E F G H I J K L M N O P Q R S T U V W X Y Z
请按任意键继续. . .

图 3-68　例 3.51 运行结果

[例 3.52] 输出大写或小写字母。

```
/*
例 3.52
*/
#include <stdio.h>

int main()
{
    char c;

    printf("输入 u 显示大写字母，输入 l 显示小写字母: ");
    scanf("%c", &c);

    if (c == 'U' || c == 'u')
    {
        for (c = 'A'; c <= 'Z'; ++c)
            printf("%c ", c);
    }
    else if (c == 'L' || c == 'l')
    {
        for (c = 'a'; c <= 'z'; ++c)
            printf("%c ", c);
    }
    else
        printf("Error! 输入非法字符。\n");
    return 0;
}
```

程序执行结果如图 3-69 所示。

图 3-69　例 3.52 运行结果

11 用 C 语言求一个整数的所有因数。假如 a×b=c（a、b、c 都是整数)，那么称 a 和 b 就是 c 的因数。

[例 3.53]

```c
/*
例 3.53
*/
#include <stdio.h>

int main()
{
    int number, i;

    printf("输入一个整数: ");
    scanf("%d", &number);

    printf("%d 的因数有: ", number);
    for (i = 1; i <= number; ++i)
    {
        if (number%i == 0)
        {
            printf("%d\n ", i);
        }
    }

    return 0;
}
```

程序执行结果如图 3-70 所示。

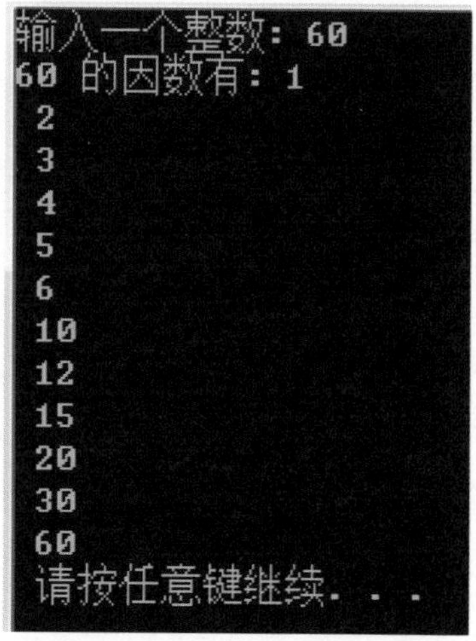

图 3-70　例 3.53 运行结果

12 用 C 语言计算平均值。

[例 3.54]

```c
/*
例 3.54
*/
#include <stdio.h>

int main()
{
    int n, i;
    float num[100], sum = 0.0, average;

    printf("输入元素个数: ");
    scanf("%d", &n);

    while (n > 100 || n <= 0)
    {
        printf("Error! 数字需要在 1 到 100 之间。\n");
        printf("再次输入: ");
        scanf("%d", &n);
    }

    for (i = 0; i < n; ++i)
    {
        printf("%d. 输入数字: ", i + 1);
        scanf("%f", &num[i]);
        sum += num[i];
    }

    average = sum / n;
    printf("平均值 = %.2f\n", average);

    return 0;
}
```

程序执行结果如图 3-71 所示。

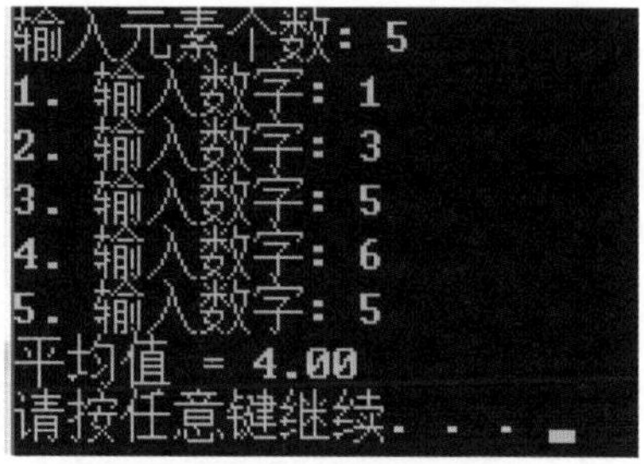

图 3-71　例 3.54 运行结果

⓭ 用 C 语言实现，查找一个数组中的最大数。

[例 3.55]

```c
/*
例 3.55
*/
#include <stdio.h>

int main()
{
    int i, n;
    float arr[100];

    printf("输入元素个数（0～100）: ");
    scanf("%d", &n);
    printf("\n");

    // 接收用户输入
    for (i = 0; i < n; ++i)
    {
        printf("输入数字 %d: ", i + 1);
        scanf("%f", &arr[i]);
    }

    // 循环，并将最大元素存储到 arr[0]
    for (i = 1; i < n; ++i)
    {
```

```
        // 如果要查找最小值可以将<换成>
        if (arr[0] < arr[i])
            arr[0] = arr[i];
    }
    printf("最大元素为 = %.2f\n", arr[0]);


    return 0;
}
```

程序执行结果如图 3-72 所示。

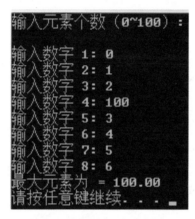

图 3-72　例 3.55 运行结果

⑭ C 语言中对字符串的处理。

[例 3.56] 删除字符串中的某一个字符（本例为删除字符串中除字母外的所有字符）。

```
/*
例 3.56
*/
#include<stdio.h>
int main()
{
    char line[150];
    int i, j;
    printf("输入一个字符串: ");
    fgets(line, (sizeof line / sizeof line[0]), stdin);
```

```
    for (i = 0; line[i] != '\0'; ++i)
    {
        while (!((line[i] >= 'a' && line[i] <= 'z') || (line[i] >= 'A' && line[i] <= 'Z') ||
line[i] == '\0'))
        {
            for (j = i; line[j] != '\0'; ++j)
            {
                line[j] = line[j + 1];
            }
            line[j] = '\0';
        }
    }
    printf("输出: ");
    puts(line);
    return 0;
}
```

程序执行结果如图 3-73 所示。

```
输入一个字符串: I ￥ love&#China
输出: IloveChina
请按任意键继续. . .
```

图 3-73　例 3.56 运行结果

[例 3.57] 连接字符串。

```
/*
例 3.57
*/
#include <stdio.h>
int main()
{
    char s1[100], s2[100], i, j;

    printf("输入第一个字符串: ");
    scanf("%s", s1);
```

```
    printf("输入第二个字符串: ");
    scanf("%s", s2);

    // 计算字符串 s1 长度
    for (i = 0; s1[i] != '\0'; ++i);

    for (j = 0; s2[j] != '\0'; ++j, ++i)
    {
        s1[i] = s2[j];
    }

    s1[i] = '\0';
    printf("连接后: %s\n", s1);

    return 0;
}
```

程序执行结果如图 3-74 所示。

图 3-74　例 3.57 运行结果

[例 3.58] 计算字符串长度（用 strlen 函数计算）。

```
/*
例 3.58
*/
#include <stdio.h>
#include <string.h>

int main()
{
    char s[1000];
    int len;
```

```
    printf("输入字符串: ");
    scanf("%s", s);
    len = strlen(s);

    printf("字符串长度: %d\n", len);
    return 0;
}
```

程序执行结果如图 3-75 所示。

图 3-75　例 3.58 运行结果

[例 3.59] 计算字符串长度（用 for 循环计算）。

```
/*
例 3.59
*/
#include <stdio.h>

int main()
{
    char s[1000], i;

    printf("输入字符串: ");
    scanf("%s", s);

    for (i = 0; s[i] != '\0'; ++i);

    printf("字符串长度: %d\n", i);
    return 0;
}
```

程序执行结果如图 3-76 所示。

图 3-76　例 3.59 运行结果

[例 3.60] 查找字符在字符串中出现的次数。

```
/*
例 3.60
*/
#include <stdio.h>

int main()
```

```
{
    char str[1000], ch;
    int i, frequency = 0;

    printf("输入字符串: ");
    fgets(str, (sizeof str / sizeof str[0]), stdin);

    printf("输入要查找的字符: ");
    scanf("%c", &ch);

    for (i = 0; str[i] != '\0'; ++i)
    {
        if (ch == str[i])
            ++frequency;
    }

    printf("字符 %c 在字符串中出现的次数为 %d\n", ch, frequency);

    return 0;
}
```

程序执行结果如图 3-77 所示。

图 3-77　例 3.60 运行结果

[例 3.61] 字符串复制。
```
/*
例 3.61
*/
#include <stdio.h>
#include <string.h>

int main()
```

```
{
    char src[40];
    char dest[100];

    memset(dest, '\0', sizeof(dest));
    strcpy(src, "This is runoob.com");
    strcpy(dest, src);

    printf("最终的目标字符串: %s\n", dest);

    return(0);
}
```
程序执行结果如图 3-78 所示。

图 3-78　例 3.61 运行结果

[例 3.62]
```
/*
例 3.62
*/
#include <stdio.h>
int main()
{
    char s1[100], s2[100], i;

    printf("字符串 s1: ");
    scanf("%s", s1);

    for (i = 0; s1[i] != '\0'; ++i)
    {
        s2[i] = s1[i];
    }
```

```
        s2[i] = '\0';
        printf("复制后的字符串 s2: %s\n", s2);


        return 0;
    }
```

程序执行结果如图 3-79 所示。

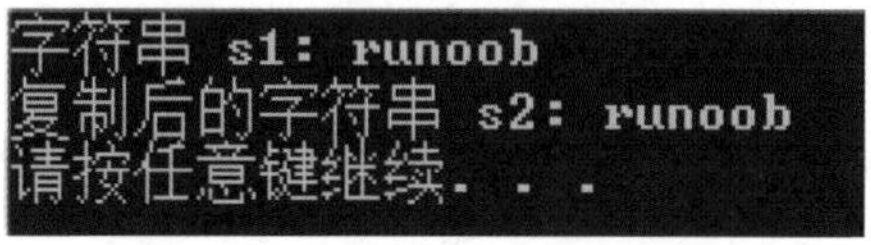

图 3-79　例 3.62 运行结果

[例 3.63] 字符串排序（本例按英语字典顺序排序）。

```
/*
例 3.63
*/
#include<stdio.h>
#include <string.h>
int main()
{
    int i, j;
    char str[10][50], temp[50];

    printf("输入 10 个单词:\n");

    for (i = 0; i<10; ++i)
        scanf("%s[^\n]", str[i]);

    for (i = 0; i<9; ++i)
        for (j = i + 1; j<10; ++j)
        {
            if (strcmp(str[i], str[j])>0)
            {
                strcpy(temp, str[i]);
                strcpy(str[i], str[j]);
```

```
            strcpy(str[j], temp);
        }
    }


    printf("\n 排序后: \n");
    for (i = 0; i<10; ++i)
    {
        puts(str[i]);
    }


    return 0;
}
```

程序执行结果如图 3-80 所示。

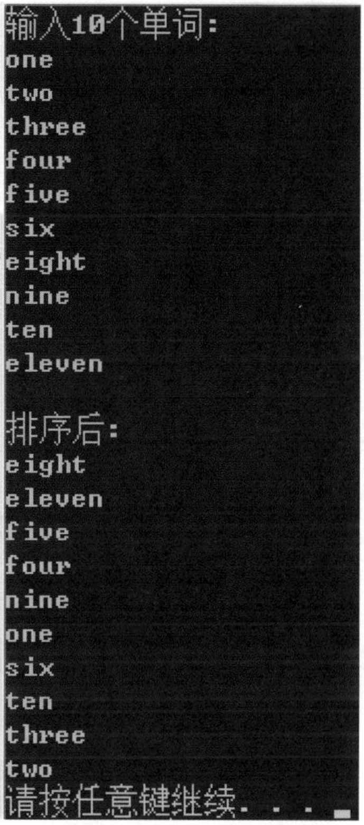

⓯ 用 C 语言求一个球的表面积和体积。

[例 3.64] 求球的表面积。

```
/*
例 3.64
*/
#include<stdio.h>
#define PI 3.1415926
int main()
{
    double r, S;
    printf("请输入半径值:\n");
    scanf("%lf", &r);
    S = 4 * PI*r*r;
    printf("球表面积:%lf\n", S);
    return S;
}
```

程序运行结果如图 3-81 所示。

[例 3.65] 求球的体积。

```
/*
例 3.65
```

图 3-80　例 3.63 运行结果

图 3-81　例 3.64 运行结果

```
*/
#include<stdio.h>
#define PI 3.1415926
void main()
{
    double r, V;
    printf("请输入半径值:\n");
    scanf("%lf", &r);
    V = 4.0 / 3 * PI*r*r*r;
    printf("球体积:%lf\n", V);
    return V;
}
```

程序运行结果如图 3-82 所示。

图 3-82　例 3.65 运行结果

第 **4** 章

工具的使用

工欲善其事，必先利其器。

在动手制作机器人之前，要先认识和学习常用的工具。本章内容不仅介绍了旋具、电烙铁等常用的工具，也会介绍微型机床与 3D 打印机等功能更加强大的工具。

学习目标

① 认识并学会使用常见的工具；
② 掌握电路焊接与修复的技能；
③ 了解各种微型机床的使用；
④ 了解 3D 打印机的使用流程。

4.1 综述

在机器人制作和维护的过程中，都少不了使用各类工具。在各种机器人大赛中，由于比赛的对抗强度较大，机器人出现问题的可能性也变得很高。掌握了本章介绍的工具，相信在临场应变修复机器人时，可以更加有条不紊、处乱不惊了。

4.2 手动工具

4.2.1 旋具

旋具（俗称螺丝刀）是我们最熟悉、最常用的工具。旋具使用时，要垂直插入螺钉的头部槽内，卡紧之后拧转螺钉，使其紧固或松动。在有些地方，人们也称旋具为"改锥""改刀"等。

图 4-1　旋具套装

旋具有许多不同类型的头部，例如一字、十字、内六角、米字、星形、方头和 Y 形头等，如图 4-1 所示。其中一字、十字与内六角旋具是制作机器人过程中最常用的，如图 4-2 和 图4-3 所示。内六角螺钉具有价格便宜、便于用力、磨损较小等特点，可能与一字与十字螺钉相比大家较为陌生，但在机器人上使用最多的就是内六角螺钉。星形、Y 形旋具在生活中使用较少，通常用于维修手机、钟表等设备。

图 4-2　一字旋具与十字旋具

图 4-3　内六角旋具

一字螺钉头部的一字槽在使用的过程中，十分容易因为拧螺钉的力气过大，造成一字槽的损伤，导致旋具无法与之配合，螺钉也就无法正常拧出了。同时，螺钉的一字槽长度越长，就越容易在用力的过程中遭到破坏。为了降低槽口的损坏，同时便于力量的传递，人们发明了十字螺钉与十字旋具。十字槽便于传递扭力，并且槽口的长度缩短，减少了头部槽的损耗，增加了螺钉与旋具的耐用性。

（1）旋具的型号

螺钉的大小尺寸有很多种类型，适用于各种不同的场合，同样，旋具的规格也是有区分的。旋具的规格是通过"类型×长度"来描述的。例如"PH0×100mm"，其中 PH 表示旋具类型为十字旋具，0 表示刀头的大小是 0 号，在这里约为 3mm；100mm 表示旋具的杆长为 100mm，是不计算手柄长度的。PH 是 PHILIPS 飞利浦的缩写，因为十字螺钉和十字旋具是美国人亨利·飞利浦发明的，除了 PH 以外，也经常使用符号"#"来表示十字旋具。十字旋具的型号为 PH0、PH1、PH2、PH3，对应的金属杆的直径大致为 3.0mm、5.0mm、6.0mm、8.0mm。

人们使用"T"来表示梅花旋具，"Y"表示 Y 形旋具。其他的旋具，例如一字旋具和内六角旋具（图 4-3），是直接使用"直径×长度"来表示型号的。

（2）使用方法

首先选取尺寸合适的旋具，将刀头垂直卡入螺钉的头部槽，然后旋转旋具的手柄。通常情况下，按照顺时针方向旋转手柄，螺钉将会被锁紧；逆时针方向旋转手柄，螺钉松出。

旋具要尽量垂直插入螺钉的头部槽中，这样刀头传递的力量更加均衡，不容易磨损螺钉的头部槽。如果螺钉的头部被拧花了，可以使用工具在头部切割出一字形的凹槽，然后使用一字旋具将其拧下替换；也可以使用工具在螺钉头部的两侧打磨出两条平行线，然后使用钳子把螺钉拧下来。在使用十字旋具时，如果使用尺寸较小的旋具去拧尺寸较大的螺钉，有时可以拧动螺钉，但是螺钉的头部槽会被严重磨损，导致无法使用，所以要尽可能避免这种情况。十字旋具如果尺寸偏小，卡在螺钉的头部槽上，会有一种旋具太"尖"的感觉，这时就要选择较大尺寸的十字旋具了。

旋具手柄的尺寸会影响拧螺钉时的用力，通常使用手柄较大的旋具比较省力。也可以选择使用电动旋具（图4-4），设置好转动的方向后，把刀头垂直螺钉头部卡紧，拿稳电动旋具不要抖动，然后按下开关即可。

图 4-4　电动旋具

4.2.2　扳手

扳手是我们生活中经常见到的工具，维修自行车、水龙头等时都需要用到扳手。扳手是一种省力的工具，利用杠杆原理拧转螺栓、螺母等零件，扳手的柄越长，使用起来就越省力。

扳手在柄部的一端或者两端制有夹持螺栓或螺母的开口或套孔，使用时将扳手的头部与螺栓或螺母卡紧，可以用手按在扳手头部，确保扳手不会晃动，接下来用力转动扳手的另一端，将设备紧固或拧松。要注意不要同时使用两只手扳动扳手，这样容易在用力的过程中失去重心而受伤。

扳手的种类有很多，按照是否允许调节开口大小可以分为呆扳手和活动扳手两种，如图 4-5 所示。呆扳手只能装卸固定尺寸的螺栓和螺母；而活动扳手的开口大小可以调节，可以装卸多种规格的螺栓与螺母，适应性要比呆扳手强。

图 4-5　呆扳手与活动扳手

除了以上常见的扳手，还有一些我们相对陌生的扳手，例如梅花扳手、钩形扳手、套筒扳手和万能扳手。梅花扳手的两端是梅花状的圆环，通常头部与手柄间有一个 45°角的弯曲，这种设计方便了在凹陷或者狭小空间中的操作。有的扳手一端与呆扳手相同，另一端与梅花扳手相同，同时两端拧转相同规格的螺栓或螺母，这种扳手被人们称为两用扳手。如图 4-6 所示。

图 4-6　梅花扳手与两用扳手

图 4-7　万能扳手

万能扳手（图 4-7）是近些年出现的一种工具，它的目的与活动扳手类似，使用单个扳手可以完成多种型号螺栓和螺母的安装拆卸。万能扳手与零件不能锁死，容易发生打滑，不能提供较大的力量，所以要根据应用场景的需要来决定是否使用万能扳手。

使用扳手时首先要选择合适的型号，确保钳口与零件头部的直径一致，如果使用了型号偏大的扳手，容易在用力的过程中将扳手滑脱，并且容易对零件造成磨损。选择了合适的扳手后，要在使用中保证扳手与螺栓或螺母完整地接触，并时刻处在同一平面内。接下来双脚站稳保持重心的稳定，用一只手按住扳手头部使其稳定，然后另一只手用力转动扳手。使用扳手时尽量以拉力的方式用力，这样可以保持身体的稳定；如果使用推力，则容易因为用力过猛摔倒或磕碰。另外，在用力时，手臂尽量与扳手垂直，这种方式较为省力。

在使用活动扳手时，如果零件较小，转动时不需要较大的力量，需要把手放在靠近扳手头部的地方，并注意经常调节蜗杆保持扳手与零件锁紧；如果要扳动较大的零件，手要握在手柄靠后的位置，便于提供较大的力量。

4.2.3 钳子

我们平时所说的钳子是指老虎钳与尖嘴钳，这两种钳子是用来夹持和固定零件的工具。除了老虎钳与尖嘴钳，还有许多特殊功能的钳子，例如斜口钳、剥线钳、网线钳等，如图 4-8 所示。

图 4-8　钳子

（1）钢丝钳

钢丝钳（图 4-9）就是老虎钳，也被称为平口钳，很多家庭都备有这种工具。钢丝钳是一种用来夹钳和剪切的工具。钢丝钳是一种典型的省力杠杆，它的动力臂比阻力臂长很多，可以使用钳子把金属零件掰弯；钳子头部后半段是用来剪切钢丝或者其他物体的刀刃。

图 4-9　钢丝钳

钢丝钳的材料和尺寸会影响使用时用力的大小。如果需要使用钢丝钳去剪切较粗的钢丝，那么选用尺寸较大的钢丝钳会更省力。

钢丝钳主要有两部分——钳头和钳柄。钳头用来夹持与剪切，有的钳柄在固定轴上安装了弹簧，松开手柄后钳头会自动张开。

钢丝钳的常见作用如下。

1 可以使用夹持功能来紧固或拧松螺母，起到套筒的作用。

2 可以使用钢丝钳的刀口来切割导线的绝缘层。

3 钢丝钳可以用来裁剪电线，也可以剪切钢丝等较硬的金属线。需要注意的是，不要轻易使用工具去剪切带电的导线，一是这样容易造成线路的短路，更重要的是如果没有做好绝缘保护，会发生触电的危险。

（2）尖嘴钳

尖嘴钳（图 4-10）与钢丝钳一样是生活中经常见到的工具，它的主要作用也是夹持与剪切，不过由于形状与材料的不同，尖嘴钳更适合狭小的空间，并且在加工电线时使用较多。

尖嘴钳头部的前端开口较大，如果使用尖嘴钳来固定螺母会

图 4-10　尖嘴钳

比较吃力，同时容易发生打滑，所以我们要避免这种使用方式。尖嘴钳对电线的操作主要是裁剪电线、去除绝缘层和绕线。在焊接电路板时，如果没有带鳄鱼夹的支架，也可以使用尖嘴钳夹住电子元器件进行焊接，这样不容易因为引脚的导热而烫到手指。

（3）斜口钳

图 4-11　斜口钳

斜口钳（图 4-11）的刀刃较为锋利，除了用来剪断导线、铁丝，还可以用来剪切尼龙扎带。在焊接电路板时，元器件在固定后还有长长的引脚留在电路板上，这时就可以用左手按住引脚防止其弹飞，右手使用斜口钳将引脚剪断。

4.2.4　剥线钳

剥线钳是电路焊接、处理电线的常用工具之一，常见的剥线钳有三种外形（图4-12）。剥线钳手柄上都配有绝缘套，起到绝缘与防滑的作用。剥线钳可以用于剥开电线的漆皮或橡胶绝缘层。

图 4-12　剥线钳

图 4-12 中最左侧的剥线钳叫做鸭嘴剥线钳，使用时需要把线材放置在开口中，鸭嘴的开口左侧有一段是塑料卡槽，用于固定线材，如图 4-13 所示。然后根据需要，控制线材超过塑料卡槽的长度即可，接下来用手握紧鸭嘴剥线钳的手柄，塑料卡槽就会卡住线材的后端，右侧的金属片会卡住电线的绝缘层，然后金属片会向图中的右侧移动，将绝缘层去掉。

鸭嘴剥线钳在手柄与钳头的连接处有一个刀口，在图 4-13 的右下侧，是用来剪切电线的。鸭嘴剥线钳头的尾部有一个调节旋钮，通过旋转旋钮就可以调节鸭嘴剥线钳刀口的松紧了。

图 4-12 中间的剥线钳的工作方式同样是先压线、后剥线。根据线材的直径，放入合适的孔中，然后握住手柄并用力。如图 4-14 所示，剥线钳的左侧是用来压线的，右侧的刀口会把电线的绝缘层剥下。

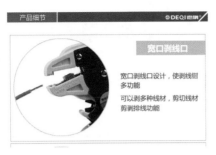

图 4-13　鸭嘴剥线钳　　　　　　　图 4-14　剥线钳

图 4-12 中最后一种剥线钳，在手柄与钳头的连接处有一个锁扣，使用时要先把锁扣转动开，使用结束后用锁扣顶住钳头，可以节省剥线钳占用的空间。这种剥线钳的根部配有切刀，用来剪切电线。剥线时根据线材的直径选择合适的孔，用一只手握紧电线，另一只手握紧钳柄然后将绝缘层拔下，这种剥线钳与前两种相比，使用时较为费力。

4.2.5　网线钳

网线钳是用来制作网线的工具，它可以把网线与水晶头连接在一起，如图 4-15 所示。当需要自制网线或者改短网线时，就需要用到网线钳了，如图 4-16 所示。

图 4-15　DIY 网线　　　　　　　图 4-16　网线钳

第一步：首先准备好网线与水晶头，使用网线钳的剥线功能把网线的外皮剥开，使其中 8 股数据线露出 2～3cm。

第二步：将这 8 股线按照"白橙、橙、白绿、蓝、白蓝、绿、白棕、棕"的顺序从左至右一根紧贴一根地排列整齐，然后用手指将线捏紧。

第三步：使用网线钳上的刀口将这 8 根线的端部剪切平整，不要剪歪斜并确保没有过于突出的线。

第四步：拿出水晶头，让塑料弹片的一侧朝下，能看到水晶头中金属片的一侧朝上。接下来把 8 根线对准水晶头，并慢慢插入水晶头中，要保证每根线与对应的金属片相接触。用手顶住水晶头与网线，确保接触牢固。

最后一步：把水晶头放置在网线钳的卡槽中，用力夹紧手柄，让金属片顶破绝缘层与导线接触，网线就制作成了。

制作完以后，可以使用网络测试仪对网线进行测试，如图4-17所示。测试仪会对8根线循环地测试，如果线是导通的，测试仪上面的LED便会亮起。也可以使用万用表来判断网线是否制作成功，因为万用表的探针一般较粗，不能直接接触到水晶头的金属片，所以要用公头的杜邦线或者较细的铜线先抵在金属片上，然后让探针与其接触进行测试。

图 4-17　网络测试仪

4.2.6　台钳

台钳的体积与重量通常都比较大，这是一种用来夹持与固定零件的工具，如图4-18所示。台钳的底座需要固定在一个稳固的平台上，然后通过转动手柄调节台钳开口的大小。夹持零件时，先让台钳张开，放入零件后再转动手柄使台钳夹紧。

普通台钳因体积与重量大，携带比较困难，根据使用的需要，也可以选择只有手掌大小的迷你台钳，如图4-19所示。迷你台钳是通过旋转底部的螺钉将自身夹持在桌沿。固定牢固后旋转手柄调节台钳夹持的范围。迷你台钳的调节范围较窄，所以在选择普通台钳与迷你台钳时，要考虑被加工零件的尺寸与重量。

图 4-18　台钳　　　　　图 4-19　迷你台钳

4.2.7　锤子

锤子是用来敲击零件使其移动或变形的工具。锤子可以敲击或者拔出钉子，也可以敲打变形的金属零件，使其恢复正常的形状。如图4-20所示为普通锤子与橡胶锤子。

图 4-20 普通锤子与橡胶锤子

我们平时制作机器人时，重量较轻的橡胶锤子通常就可以满足需要。但是橡胶锤子的头部是有弹性的，敲击坚硬的零件可能就达不到效果了，所以选择锤子时要考虑到制作和加工的需要。

4.2.8 锯

传说木匠的鼻祖鲁班在一次进山伐木时，不小心被野草划破了手指，鲁班摘下叶片发现叶子上面有密密麻麻的小齿，鲁班深受启发并进行试验，成功制造出了锯这种工具。

最常使用的手锯是由锯弓与锯条组成的，如图 4-21 所示。锯弓是用来固定并拉紧锯条的部件，通常锯弓是固定式的，只能安装单一长度的锯条。锯条是带有齿用于切割零件的部件。

图 4-21 锯

使用锯时，要把被切割的物件放置稳定，然后锯条一般是前端先接触物件，然后用小压力、短行程、慢速度进行切割，这个过程称为起锯。为了锯条的稳定，也可以用左手的拇指进行限位。等到豁口形成以后，保持切割时不要左右晃动，并且速度不宜过快；在推出锯条的过程中要发力进行锯割，在拉回时放松，把锯屑从缝隙中带走。

锯条齿的粗细是根据被加工物体的材料与厚度决定的。较软与较厚的物体要使用粗齿锯条，这样齿间允许容纳较多的锯屑；切割较硬与较薄的材料要使用细齿锯条，便于切割并且锯齿与锯条不易折断。

4.2.9 剪刀

剪刀是生活中经常使用的工具，主要用来切割片状和线状物体，如图 4-22 所示。剪刀在机器人制作中使用频繁并且应用场景很多。剪刀在某些场合也可以代替斜口钳、剥线钳等工具，例如剪切尼龙扎带、剥开导线的绝缘层、剪断元器件的引脚等。

图 4-22 剪刀

4.2.10　美工刀

图 4-23　美工刀

美工刀也称壁纸刀，是制作美术作品和手工艺作品常见的工具，如图 4-23 所示。美工刀的刀刃十分锋利，所以使用美工刀时一定要注意安全。裁切时，刀片不能露出过长，不然容易折断。

美工刀的刀片是可以整片替换的。如果仔细观察刀片还可以发现刀片是一截一截的。如果最前端一截刀片钝掉或损坏，可以把这截掰折取下，使用后面的刀片。去掉最前端刀片时，只把要折断的一截露出刀具，然后使用钳子夹住这段刀片掰折即可。

4.2.11　游标卡尺

游标卡尺是一种精确测量长度、深度、内外孔径的量具，主要由主尺和能够滑动的游标构成。游标与尺身之间有一弹簧片，利用弹簧片的弹力使游标与尺身靠紧。游标上方有一个紧固螺钉，可将游标固定在尺身上的任意位置。

游标卡尺上有内测量爪和外测量爪，图 4-24 所示卡尺下侧伸出的就是外测量爪，通常用来测量物体的长度和外径；卡尺上侧的内测量爪需要进入物体内部来测量。图中最右侧突出的部分就是卡尺的深度尺了。

游标卡尺数值的读取分为三步。第一步观察游标零刻度线左侧最靠近主尺上的哪个数值，这个数值是被测长度的整数部分。第二步在游标上找到哪一个刻度线与主尺上的刻度线是对齐的，数出游标上这条刻度所在的格数，再乘以游标卡尺的精度就得到了被测长度的小数部分。第三步将整数部分加上小数部分，就可以得到被测物体的长度了。

人们为了简化游标卡尺的测量而发明了数显卡尺，数显卡尺开机后推动到零刻度线按下清零按键进行校准，然后便可以滑动游标进行测量了，如图 4-25 所示。

图 4-24　游标卡尺

图 4-25　数显卡尺

4.3 粘接工具

4.3.1 热熔胶枪和胶棒

热熔胶枪是一种常用的粘接工具，如图 4-26 所示。胶枪使用时先插入胶棒，然后接通电源并打开开关，等待胶枪加热完成后按下出胶开关，胶就会从喷头中挤出。

选取的胶棒直径要与胶枪匹配，并且在使用时要把胶棒顶到喷头附近。胶枪加热完以后，如果电源线比较短，可以把胶枪从插座上拔下来进行使用。胶枪的喷头温度很高，一定不能接触到人体和电线等。

图 4-26　热熔胶枪与胶棒

注意事项如下。

1 安全检查：热熔胶枪使用前，先检查电源线外表是否完好无损，支架是否准备齐全。

2 胶枪在使用前要先预热 3～5min，不使用胶枪时应将其立于桌面。

3 热熔胶棒表面务必干净，以防止杂质堵住枪嘴。

4 胶枪在使用过程中若发现挤不出胶，首先检查开关是否打开；如果胶枪已经通电，需要检查胶枪是否发热，可以使用胶棒触碰胶枪头部，观察胶棒是否融化。

5 胶枪连续加热后超过 15min 不使用时，需要切断电源，等待再次使用时再次加热。

4.3.2 螺纹胶

螺纹胶又称为厌氧胶，如图 4-27 所示。螺纹胶在隔绝空气的情况下能够迅速地固化，一般用于紧固件的粘接与密封，例如螺钉的紧固、法兰盘配合面的密封等。如果制作的机器人上面的某个螺钉总是松动，可以考虑使用螺纹胶进行紧固。

图 4-27　螺纹胶

螺纹胶的种类很多，要根据螺钉直径与使用场合进行选择。通常我们选用中等强度的 243 螺纹胶，在螺钉头部的 3～4 个螺纹涂抹一层螺纹胶，然后进行固定即可。

螺纹胶在机械装置中应用非常广泛，在航空航天、军事、汽车等各个领域都有其身影，应用在锁紧防松动、密封防漏、固持定位、粘接、堵漏等诸多场合。

4.3.3 导热硅胶

导热硅胶是一种导热化合物，具有不易固化、导电性弱、防潮防振的特点，如图 4-28 所示。导热硅胶用在电子电路中可以辅助散热并且不会造成短路。选用导热硅胶的最重要目的是连接热源与散热体。

空气是热量的不良导体，热量在热源与散热面之间的传递会受到空气的阻碍。把导热硅胶填充在间隙中，可以使散热面更充分地接触热源，不让芯片等设备因为过热导致损坏。导热硅胶也经常用于芯片和散热片（图 4-29）之间的连接，帮助 CPU 或者驱动芯片等元器件进行散热。

图 4-28　导热硅胶

图 4-29　散热片

4.3.4 双面泡沫胶

双面泡沫胶与我们平时使用的双面胶是不一样的，双面泡沫胶的是有一定厚度的，如果用手指挤压双面泡沫胶，会发现它也是有弹性的，如图 4-30 所示。双面泡沫胶不易传热，能够起到防振、缓冲、绝热等作用。

双面泡沫胶经常用于在机器人表面固定其他设备，如电路板、传感器或者小型音响等，也可以粘接各类的软质材料和硬质材料。软质材料指泡沫、海绵、KT 板、塑料等，硬质材料有铁皮、铝板、有机板、玻璃、木材、石材、瓷砖等。

图 4-30　双面泡沫胶

去除方法：双面泡沫胶去除时可能会在物体的表面有所残留，这样会影响机器人的美观，所以有必要掌握双面泡沫胶的去除方法。去除双面泡沫胶通常分为两步。首先用一个较硬的片状物对泡沫胶进行刮除；第二步根据场合选择使用风油精、牙膏进行处理，此外还可以使用吹风机把泡沫胶吹干，降低其黏性以后去除。

4.3.5　502 胶水

502 胶水是我们日常生活中经常使用的粘接用具，如图 4-31 所示。502 胶水可以用于粘接多种材料，包括金属、塑料、木材、皮革等。

图 4-31　502 胶水

使用 502 胶水时，要把待粘接的物体表面擦拭干净，除去灰尘、油污、铁锈等，然后打开胶水前盖，并以手指轻轻压住尖端部位，使其不留有残液。在被粘物体的表面滴下 502 胶水并立即进行粘接，保持待粘物体位置固定不动等待胶水固化。第一次使用 502 胶水时，需要用针把尖端扎破，或者使用剪刀把尖端剪下一部分。在使用后擦拭干净胶水瓶，将胶水的盖子密封并存放在阴凉干燥的地方。

502 胶水的黏性比较强，如果不小心粘在手上时不要慌张，可以用肥皂水、酒精、热毛巾清洗擦拭。如果想要将两个用 502 胶水粘接的物体分开，可以用下述方式。

1 在原来 502 胶水粘接的位置再滴上一滴新的 502 胶水，使已经固化的 502 变软，再用湿巾将胶水擦去。

2 使用有机溶剂将 502 胶水溶解，例如丙酮、香蕉水、酒精等。

4.3.6　尼龙扎带

尼龙扎带是一种非常方便的用于捆扎的工具，因其材质而得名，如图 4-32 所示。尼龙扎带也常叫做束线带、扎线带。在生活中，尼龙扎带经常用于捆扎线材，在工业生产和机器人制作中，尼龙扎带的用途就更加广泛了。

尼龙扎带用在服务器的束线上，可以让线序更加整齐、布线更加美观，如图 4-33 所示。在机器人上，尼龙扎带可以用来捆扎和固定其他设备，例如电路板、电池等，固定电路板时需要注意不要与导体接触造成短路。

图 4-32　尼龙扎带

图 4-33　在服务器上使用尼龙扎带束线

4.4 电动工具

电动工具是利用电能提供动力的工具。常见的电动工具有电动旋具、电钻、电磨机等。电动工具一般较重并且工作时抖动比较大，更有些电动工具的操作具有危险性，所以使用电动工具时要保持专注，并且只允许由成年人进行操作。

4.4.1 电钻

电钻可以帮助人们更加轻松地实现钻孔操作，而最常见的是手钻，如图 4-34 所示，手钻的功率较小。有的手钻可以连接旋具的不同头部，能拓展出更多的功能和用途。

手钻的电池通常放置在底部，电池可拆卸和充电。除了手钻，电钻的家族中还有冲击钻和锤钻，这两种设备对于制作机器人用处较小，就不做介绍了。

图 4-34　手钻

4.4.2 电动旋具

电动旋具可以帮助人们快速省力地装卸螺钉，是家庭和工业生产中都很常用的一种工具，其种类主要有直杆式和手持式两种，如图 4-35 所示。

电动旋具使用时可以参照以下步骤。

1 拨动工具上的开关，选择好电动旋具的旋转方向。旋具顺时针转动为紧，逆时针转动为松。

2 把刀头完全插入螺钉的头部，用手稳固旋具前端。

3 按下开关进行装卸。

图 4-35　直杆式与手持式电动旋具

4.4.3 微型磨机

微型磨机（图 4-36）我们平时接触较少，它主要用在木工中，但它在材料加工、电路板边缘处理上也有很大的用处。

图 4-36　微型磨机

微型磨机可以对硬质材料进行细致的加工，可以把材料或电路板打磨成需要的形状，这样就可以在狭小或者特殊的空间中对其进行固定了。

4.5　电路工具

4.5.1　万用表

万用表又称多用表，可以测量直流电的电压与电流、交流电的电压与电流、电阻和电容等物理量。万用表是电子电路制作与维修时必备的测量仪表，如图4-37 所示。

万用表由红黑探针、内部测量电路、旋转开关、显示界面几个主要部分组成。使用万用表时，首先估算被测物理量的取值范围，并据此选择合适的量程；如果不能确认被测量的取值范围，那么就使用最大量程进行测试，得到读数后再选择合适的量程，如果万用表始终显示"1."，则表示被测值超出量程，无法使用该表进行测量了。

图 4-37　万用表

在万用表的外壳上印有许多符号，其中"Ω""V""A"分别为电阻、电压、电流的单位，而印有"—"和"---"符号的表示直流电，印有波浪线"～"的表示交流电。

万用表的导通挡也十分常用，导通挡可以检测电路中两个焊点间是否导通，如果导通万用表会发出"嘀"的声音或者亮起指示灯。这项功能可以辅助我们检测电路的性能，本应导通的两点是否因为断路影响到电路板的工作，本应断开的两点是否因为焊接失误而粘连导通，这些问题都可以通过万用表的导通挡进行测试。

当电路出现故障时，应该怎样使用万用表进行测量呢？通常按照以下顺序进行。之前使用正常的电路板：

1 回忆是否有损坏电路的操作，例如电源电压过高、电路板工作时接触导体发生短路等。

②如果有错误的操作发生过，根据损坏原因进行排查。如果有明显的故障，例如 LED 不亮等，则根据元器件的外围电路进行排查。

③如果没有发生过错误操作，检查电路板有没有焦糊，元器件有没有损坏，例如电容鼓包等。

④检测电路板的供电是否正常，各主要元器件（如芯片）的工作电压是否正常。

⑤其他故障原因可能较难排查，需要返厂维修或者找到一块同样的可以正常使用的电路板进行对照测试。

初次焊接完成的电路板：

①观察电路板是否有虚焊、漏焊，是否有引脚粘连等问题。

②观察是否有元器件损坏、元器件焊反等问题。

③对照电路原理图，排查是否有漏接、多接和错接的情况。

④检测电路板的供电是否正常。

⑤检测各主要元器件（如芯片）的工作电压是否正常。

⑥如果依然不能找出问题，需要将设备断电，对照电路原理图使用导通挡全面测试电路，包括引脚与焊盘是否导通，电路连接是否导通等。

注意：万用表的探针是良导体并且直径较粗，在使用万用表对电路进行测试时，要注意手部不要抖动，防止探针把电路短路。另外，万用表在测量时不可以转动开关，以防损坏仪表。

4.5.2 电烙铁、焊台与焊锡

电烙铁是用来焊接电路的工具，根据发热结构可以分为内热式和外热式两种，根据发热温度与使用场景的不同又分为大功率烙铁和小功率烙铁。

图 4-38　外热式电烙铁

外热式电烙铁由烙铁头、烙铁芯、外壳、插头等部分组成，如图 4-38 所示。由于烙铁头安装在烙铁芯的外面，所以称为外热式电烙铁。外热式电烙铁的规格很多，常用的功率有 30W、40W、50W、60W 等，标称功率越大，烙铁头温度越高，焊锡融化的速度也会更快。内热式的电烙铁热量从内部传到外部的烙铁头上，所以烙铁的发热速度快、热效率更高。我们平时见到的烙铁大多是外热式烙铁。

电烙铁的头部有很多种，并且是可以更换的。常用的烙铁头有尖头、圆锥头、弯尖头、刀头、马蹄头等。尖头的尖端特别细小，适合精细焊接和狭小空间中的焊接；

圆锥头的烙铁头没有方向性，适合一般的焊接操作；刀头是很常用的一种类型，适合较小型封装芯片的焊接操作。

焊台其实是功能更丰富的电烙铁。焊台包括控制台、烙铁和烙铁架三部分，如图4-39所示。焊台具有调温与恒温的功能。

焊锡是电路焊接中用来连接电子元器件的重要材料，如图4-40所示。焊锡的导电性良好并且熔点较低（200℃左右），可以方便地通过加热使其融化，再等其凝固后将元器件固定在电路板上。

图 4-39　焊台

图 4-40　焊锡

焊锡主要由锡和其他合金组成，也有的焊锡中会加入助焊剂，起到辅助热传导、去除氧化物等辅助焊接的功能。焊锡的使用如图4-41所示。焊接方法如下。

图 4-41　焊锡的使用

1 首先根据待焊的元器件选取直径合适的焊锡，精细的焊接要选取直径较细的焊锡丝。

2 根据需要选取合适的烙铁头，通常使用圆锥头或尖头；焊台需要选取合适的加热温度，一般的焊接选择350℃左右即可。

3 烙铁接触电路板时通常呈45°夹角，烙铁接触器件的时间不宜过长，通常接触时间为2~3s，加热时间过长容易对元器件和焊盘造成损坏。

4 理想的焊点应呈一个半椭球状，表面应光亮圆滑，没有锡刺，锡量不要过多也不要过少。

5 如果元器件的引脚上面有污垢，可以使用小刀或者砂纸进行处理。

6 进行线材的焊接时，要先使用较细的焊锡丝（如0.3mm）在裸露的线材上面裹一层锡，然后进行焊接；如果要连接两根导线，需要在两根线上都裹锡，然后选择直径合适的热缩管，剪取一段套在线材上，焊接完成后使用加热工具（热风枪、打火机等）对热缩管加热，防止裸露的电线将其他设备短路。

7 焊接时要注意保证烙铁头的洁净，如果头部有黑色杂质可以使用湿海绵擦拭。

8 电烙铁不使用时要放在烙铁架上，要注意远离其他物品，例如电源线、插线板等。

学习电子电路知识，焊接电路这项基本功是必须掌握和勤加练习的。电路的制作与故障的排除，都需要有焊接技术的基础，焊接的习惯与质量对电路制作的影响非常大。所以学习电子知识时，也要注意加强焊接相关技术的培养。

4.5.3 热风枪

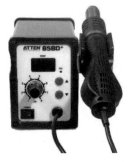

图 4-42　热风枪

热风枪也是焊接常用的工具，如图 4-42 所示。对于体积小、引脚多的元器件，使用烙铁焊接会很困难，而热风枪可以把一定范围内的焊锡全部融化掉，可以很方便地取下或焊接芯片等器件。

热风枪的前端是风嘴，需要根据元器件的大小选择合适的风嘴。较大的元器件要使用直径较大的风嘴，保证受热面积能够基本覆盖元器件四周的引脚。然后要选择热风枪的温度和风速，温度通常选择到 200℃，风速的调节要保证元器件不会被轻易地吹走。接下来使用镊子控制好元器件，风嘴距离元器件 2cm 左右加热，等待焊锡融化便可以将元件焊接或取下了。

4.5.4 吸锡器、吸锡线

图 4-43、吸锡器

当需要去除电路板上多余的焊锡，例如锡量过多导致芯片相邻两个引脚被粘连时需要把电路板上的锡吸走，可以选用吸锡器和吸锡线。

使用吸锡器（图 4-43）时首先要用力按下弹簧，然后用烙铁把锡融化，接着把吸锡器靠近焊锡随后按下开关，利用气压差把锡吸入吸锡器中，如果没有清除干净可以多重复几次。

吸锡线（图 4-44）的功能也是除去电路板上无用的焊锡。当电路板上有较多焊锡残留时，使用吸锡线较为方便。将烙铁放在吸锡线上，然后在电路板上缓缓移动，焊锡融化后便会被吸锡线带走除去。

图 4-44 吸锡线

4.5.5 助焊剂——松香

助焊剂是辅助焊接用的，它的主要成分是松香，如图 4-45 所示。当焊接物体的表面有氧化层时，可以使用助焊剂进行消除。助焊剂还可以防止焊接面氧化，同时可以减小焊锡的张力，使其便于附着在焊接面上。

图 4-45 松香

质量稍差的助焊剂可能会造成漏电，会对电信号传输造成干扰，这点需要特别注意。

4.5.6 热缩管

我们在电烙铁的部分中曾经提到过热缩管，这是一种有弹性、受热后会收缩的材料。热缩管通常用来包裹并保护电线、接线端子等，同时还能起到绝缘的作用，如图 4-46 所示。

加热热缩管的工具很容易获取，使用普通的打火机就可以了，需要注意不要使用防风火机，因为其加热温度过高。如果手边有热风枪的话，也可以使用热风枪进行加热，相比打火机，热风枪能够让热缩管更加均匀地受热。

图 4-46 热缩管

4.5.7 镊子

镊子是一种加持用工具，在生活中经常使用，如图 4-47 所示。在电路制作中，经常需要夹持体积很小的元器件，造型合适、优质的镊子会给焊接操作提供很大的帮助。

4.5.8 电线

电线是能够传输电能的导线，常用的有铜导线、多芯线和飞线等，如图 4-48 所示。选取电线时主要考虑线材的直径及其耐压、耐流的参数。如果电线两端加载的电压超过线材的耐压，那么绝缘层就失去了保护作用，如果人接触绝缘层将会触电；如果通过电线的电流超过了线材的耐流，那么线材将会发烫变软，甚至融化绝缘层与其他电线直接接触，造成短路甚至起火。

飞线也叫"OK 线"是用来修复电路和快速焊接的。飞线有绝缘层，可以很方便地在电路上焊接测试，如图 4-49 所示。如果本应导通的两个焊点在电路上是断开的，就可以使用飞线快速地连接进行测试。

 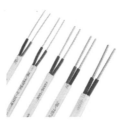 

图 4-47　镊子　　　　　　图 4-48　电线　　　　　　图 4-49　飞线

4.5.9　电工胶带

电工胶带也就是电气绝缘胶粘带，具有良好的绝缘性、阻燃性并且耐高压。电工胶带经常用在电线缠绕和绝缘保护等场合，是电路制作必备的耗材之一，如图 4-50 所示。

图 4-50　电工胶带

4.6　来认识些更强大的工具吧

4.6.1　3D 打印机

3D 打印机是近些年流行起来的新型工具，它的英文是 3D Printer，简称 3DP。3D 打印机通过三个步进电机来控制喷头的平移与抬升，喷头先把材料加热融化，然后挤在耐热底板上一层一层地进行打印，如图 4-51 所示。3D 打印机根据加工材料的不同可以分为多种类型，平时常见的是对 ABS、PLA 进行加工，此外还有金属、陶瓷、食品等专用的 3D 打印机。

在机器人结构搭建时，经常会需要用到特殊形状的结构件或者连接件，如果没有 3D 打印机的帮助，我们只能寻找加工工厂进行制作了。如果恰好你的工作间有一台 3D 打印机，那么你就可以通过以下步骤去制作你需要的零部件了。

1 使用建模软件绘制零部件的三维模型。

2 将绘制完成的模型文件导入至切片软件，在切片软件中设置打印分辨率、抽丝、密度等参数。因为 3D 打印机是一层层进行打印的，所以需要先对模型切片，告诉打印机应该如何平移和抬升。

3 将切片软件生成的文件复制到 SD 卡或 U 盘中，并把存储器插入打印机。

4 在打印机上面选择需要打印的文件并开始打印。

3D 打印机的使用关键在于建模软件的使用，而 3D 建模需要通过练习来提高建模者的水平与熟练程度。

图 4-51　3D 打印机

4.6.2　微型机床

机床是指制造机器的设备，掌握机床的使用就可以自己加工和改造零件了。我们通常不会接触大型机床的使用，这些设备一般只在加工工厂和大学的实验室中才有配备，并且大型机床的操作具有一定的危险性，需要按照安全的规范才能进行操作。

微型机床是精简版的机床，使用时也需要严格按照安全规范进行操作。微型机床可以用来加工木材、亚克力、塑料等材料，一般不能用于加工金属材料。

（1）锯床

锯床是由基座、主轴箱、线锯箱、线锯台面、弓形臂、压杆压块、偏心轴等几部分组成，如图 4-52 所示。锯床的主要功能是进行切割操作，沿锯条带有锯齿的方向匀速向前推进，使所需要切割的材料分离，从而达到切割的目的。锯床可以加工的材料可以是木板、亚克力板、塑料薄板等，锯床一般作为主加工工具来使用。

图 4-52　锯床

锯床的使用方法如下。

1 将所要切割的材料平行放置在锯床台面上。

2 右手旋转弓形臂右上方的两个旋钮，将其拧松将压杆抬起，再将材料贴紧锯条松开压杆让压杆自然垂落再将旋钮拧紧。

3 将台面上材料与锯条保持一定的距离后再打开电源。

④ 锯条运动时再将材料要切割的部分沿锯条的正前方匀速推进、切割，禁止左右拉动材料。

⑤ 推进过程如遇阻力或是切割部分有偏离，需将材料向后拉一点，重新找准方向再推进。

⑥ 切割不规则图形时，材料转弯禁止急转，需将材料退一点再进一点反复进行切割，直到图形被切割完毕。这样做的主要目的是增大锯口使锯条在切割过程中有足够的间隙转弯，防止夹锯、断锯的事情发生。

（2）磨床

磨床是由基座、主轴箱、打磨台面、砂轮盘、砂轮、砂轮防护罩等几部分组成的，如图 4-53 所示。磨床的主要功用是打磨，将材料表面多余的部分进行精细的处理，通常是用来对材料辅助加工的。

图 4-53　磨床

磨床的使用方法如下。

① 将砂纸后面背胶的部分贴在砂纸盘上。

② 用旋具将台面上方的两个螺钉拧松，向砂轮盘的方向平移，离砂轮盘距离在 0.5～1mm 之间时再将螺钉拧紧。

③ 打开电源，将要打磨的材料平放在打磨台面，双手按压材料向砂纸转动的方向慢慢贴近。

（3）钻床

图 4-54　钻床

钻床是由基座、主轴箱、大滑块、小滑块、钻台板、增高块、手轮等几部分组成的，如图 4-54 所示。钻床可以完成打孔操作，零件在钻床上具有两个自由度，可以在平面上沿 X 轴、Y 轴进行平移，而钻头在 Z 轴上有一个自由度可以实现升降。如果需要对零件内部进行切割，需要先使用钻床进行过孔。如果需要在零件上攻螺纹，需要先进行打孔操作。

钻床的使用方法如下。

① 将钻床台面的中心点（方孔的位置）调整到与钻头的中心点位置一致。

② Z 轴的手轮顺时针旋转将主轴箱抬到最高位置。

③ 拧松主轴箱后面增高块的连接块螺钉，整体向上或向下平移增高块，将要加工的材料放到钻台板上，钻头离材料最高点保持在 10～15mm 之间。再将连接块的螺钉拧紧。

④ 打开电源，将要加工的材料平放在钻台板上，左手按住材料，右手向下移动

手轮。过程中手轮不要摇动太快，防止钻头折断。

⑤ 打深孔时，钻头进入材料后，Z 轴不要一直向下移动，Z 轴应向下走一点在抬起一点，防止孔的木屑无法排出，造成钻头过热无法进行加工。

（4）铣床

铣床是由基座、主轴箱、大滑块、小滑块、虎钳、增高块、手轮等几部分组成，如图 4-55 所示。铣床的主要功能是用铣刀对工件进行铣削加工，铣削各种平面和沟槽等。

铣床的使用方法如下。

① 将材料放置于虎钳内，尽量放平，材料需要高出虎钳，将虎钳锁紧。

图 4-55　铣床

② Z 轴的手轮顺时针旋转将主轴箱抬到最高位置。

③ 拧松主轴箱后面增高块的连接块螺钉，整体向上或向下平移增高块，铣刀离材料最高点保持在 10～15mm 之间。再将连接块的螺钉拧紧。

④ 打开电源，右手向下移动手轮。过程中手轮不要摇动太快，铣刀贴近材料时，停止 Z 轴的向下移动，此时移动 X 轴或 Y 轴。加工材料要铣削的部分，加工完毕后，再向下移动 Z 轴进行反复操作，Z 轴每次下降不得超过 0.3mm。

（5）金工车床

金工车床是由基座、主轴箱、大滑块、小滑块、三爪卡盘、顶尾座、手轮等几部分组成，如图 4-56 所示。金工车床的功能是用车刀对旋转的工件进行车削加工，主要用于加工轴、盘、套和其他具有回转表面的工件。工件在车床的固定平面可以实现平移，可加工的材料有铝、铜、木棒等。

图 4-56　金工车床

金工车床的使用方法如下。

① 将顶尾座与基座中间的连接块同顶尾座与基座侧面的加强板螺钉依次拧松，向右平移顶尾座，再将顶尾座与基座右侧螺钉依次拧紧。

② 将主轴箱与基座中间的连接块同主轴箱与基座侧面的加强板螺钉依次拧松，向左平移主轴箱，当三爪卡盘与顶尾座的距离大于 100mm 时再依次拧紧螺钉。

③ 将材料直立在桌面上，把圆心尺放在材料的上方，圆心尺箭头内的斜边顶在材料的外圆，圆心尺的直边放在材料的表面，沿直边画一条线，将材料换个角度再画一条线，依次画三条线，三条线的焦点为材料的圆心点。

④ 将三爪卡盘钥匙（铁棍×2）放入卡盘侧面的孔里，向外侧相反的方向转动卡盘，使卡盘的三个爪分开。

⑤ 将材料的一端放入三爪卡盘内，再将画好圆心点的一端对准顶尾座的顶针，转动顶尾座的手轮将顶针移向材料的圆心点，贴紧材料。再将三爪卡盘钥匙放入卡盘侧面的孔里，向内侧相反的方向转动卡盘，把材料拧紧。

⑥ Y 轴手轮逆时针转动，车刀远离材料 5～10mm，将电源开关打开，Y 轴手轮顺时针转动，车刀慢慢贴紧材料，过程中手轮不要摇动太快，车刀贴近材料时，停止 Y 轴的方向，开始移动 X 轴，达到车削的目的。车刀每次进给应小于 0.5mm，金属材料小于 0.2mm 。

（6）木工车床

图 4-57　木工车床

木工车床是由基座、主轴箱、大滑块、刀架、顶尾座、手轮等几部分组成，如图 4-57 所示。木工车床的功能是用车刀对旋转的工件进行车削加工。木工车床可以把木棒等材料加工成轴、滑轮等零件。

木工车床的使用方法如下。

❶ 将顶尾座与基座中间的连接块同顶尾座与基座侧面的加强板螺钉依次拧松，向右平移顶尾座，再将顶尾座与基座右侧螺钉依次拧紧。

❷ 将主轴箱与基座中间的连接块同主轴箱与基座侧面的加强板螺钉依次拧松，向左平移主轴箱，当主轴箱顶针与顶尾座的距离 100mm 时，再依次拧紧螺钉。

❸ 将材料直立在桌面上，把圆心尺放在材料的上方，圆心尺箭头内的斜边顶在材料的外圆，圆心尺的直边放在材料的表面，沿直边画一条线，将材料换个角度再画一条线，依次画三条线，三条线的焦点为材料的圆心点。将材料调转另一端再画三条线确定圆心点位置。

❹ 将材料一端的圆心点贴紧主轴箱的顶针，材料另一端的圆心点贴紧顶尾座的顶针，向右转动顶尾座手轮，使顶尾座的顶针移向圆心。贴紧材料后停止转动手轮。

❺ 将电源开关打开，用力顺时针转动顶尾座手轮，使材料进入主轴箱顶针的一半，加固材料的装夹，装夹完毕后关闭电源。

❻ 调整刀架在 Y 轴方向的位置，拧松刀架上方的螺钉，向后拉动刀架，使刀架离材料保持在 1.5～2.5cm 之间。

❼ 锣刀在刀架上轻微上扬保持与刀架平行面夹角在 5°左右，右手握紧锣刀，左手按住锣刀前端，离材料距离 3～5cm。

❽ 将电源开关打开，右手向前推进锣刀，锣刀贴近材料进行加工，沿 X 轴移动刀架的位置（材料的前后车削需要移动刀架）。

（7）分度机床

分度机床是由基座、主轴箱、大滑块、小滑块、分度盘、三爪卡盘、手轮等几部分组成，如图 4-58 所示。分度机床的功能是将圆形的材料进行等分处理。等分处理是指把圆形材料按圆周 360°分为多个相等的角度，如 4 个 90°、6 个 60°、12 个 30°。分度机床可以辅助打孔和开槽等工艺，允许加工的材料有铝、铜、金、银、木棒等。

图 4-58　分度机床

分度机床的使用方法如下。

1 Z 轴的手轮顺时针旋转将主轴箱抬到最高位置。

2 将三爪卡盘钥匙（铁棍×2）放入卡盘侧面的孔里，向外侧相反的方向转动卡盘，使卡盘的三个爪分开。

3 将材料的一端放入三爪卡盘内，再用三爪卡盘钥匙放入卡盘侧面的孔里，向内侧相反的方向转动卡盘，把材料拧紧。

4 将分度盘固定器的螺钉拧松，调整好固定器对应的分度盘的 3 排孔，将固定器的顶针卡在孔内，再向后拉固定器的弹簧扳手，将螺钉拧紧。固定器与卡盘调整完毕。

5 拧松主轴箱后面增高块的连接块螺钉，整体向上或向下平移增高块，铣刀／钻头离材料最高点保持在 10～15mm 之间。再将连接块的螺钉拧紧。

6 移动 Y 轴，转动手轮，将材料的中心点与刀具的中心点调整到垂直水平线上。再移动 X 轴调整到将要加工的区域。

7 打开电源。打孔时，右手向下移动 Z 轴手轮。过程中手轮不要摇动太快，铣刀／钻头贴近材料时，缓慢移动，此时不要移动 X 轴或 Y 轴。钻头进入材料后，Z 轴不要一直向下移动，Z 轴应向下走一点再抬起一点，防止孔内的木屑无法排出，造成钻头过热无法进行加工。

8 铣削时，右手向下移动手轮。过程中，手轮不要摇动太快，铣刀贴近材料时，停止 Z 轴的向下移动，此时移动 X 轴或 Y 轴。加工材料要铣削的部分，加工完毕后，再向下移动 Z 轴进行反复操作，Z 轴每次下降不得超过 0.3mm。

9 加工完一个角度的形状时，将电源开关关闭，Z 轴刀具抬起，离材料最高点保持在 10～15mm 之间，向后拉动分度盘固定器的扳手，转动分度盘，计算好分度盘孔的数据，调整到相应的位置，松开固定器扳手将顶针卡在分度盘孔内，重复 **6** 或 **7** 的操作。

第 5 章

机器人制作案例

他山之石，可以攻玉。

在前面的章节中，我们已经对机器人的软硬件组成有了较为全面的了解，也对各种常用工具的使用有了认识。在第 5 章，我们将通过几个机器人的制作实例，把基础知识串联贯通，学以致用。

5.1 综述

机器人的制作就是硬件与软件两部分的组合。确定好功能目标以后，首先要查阅资料、列出方案、分析可行性，然后准备工具与材料进行制作。硬件解决方案的提出与软件程序的编写可以参考以下步骤来拆分完成。

（1）硬件

1 列出机器人需要检测哪些环境信息，哪些传感器可以满足需要。

2 列出机器人需要执行哪些动作，有哪些执行机构和机械结构可以选择。

3 判断系统是否需要控制器；如果需要，判断控制器的接口数量是否充足。

4 根据机器人需要使用的控制器、传感器与执行机构，选择合适的电源并设计供电电路以及驱动电路。

（2）软件

1 画出程序流程图。

2 完成传感器数据的采集与处理。

3 完成执行机构的控制。

4 编写完整的控制程序。

5.2 木工小车

我们要做的第一个机器人是一辆木制的小车，它的原理与结构和四驱车是一样的，不涉及编程与控制，如图 5-1 所示。本节内容主要依靠木工机床制作完成，读者朋友们也可以使用其他工具与材料进行制作，如 3D 打印机、锉等。

图 5-1　木工小车

5.2.1 准备工作

首先准备好工具与材料。工具主要为各类木工机床，材料主要是木板、木棒与电机、电池，下面列出表格作为参考，如表 5-1 和表 5-2 所示。

表 5-1　木工小车——工具清单

工具	功能和用途
锯床	把木板切割成所需要的形状
车床	对木棒进行加工
磨床	打磨各个零件的边缘，完善造型并使边缘整齐无毛刺
铣床	车轮中心掏孔
手持机床	在木板上打孔，使锯床可以加工木板的内轮廓
胶枪	固定零件
游标卡尺	检验与校准
砂纸	打磨车轴
铅笔、尺子等绘图工具	在木板上绘制零部件轮廓

表 5-2　木工小车——材料清单

材料	数量和用途
22cm×18cm 木板	数量 3，制作小车的整体框架
Φ10mm×100mm 木棒	数量 1，用于制作主动轴
Φ20mm×100mm 木棒	数量 1，用于制作从动轴
Φ30mm×100mm 木棒	数量 1，用于制作四个车轮与滑轮
皮筋	数量 1，用于传动
减速电机	数量 1，小车的动力来源，可以通过网络购买
带开关的电池盒	数量 1，用于装载 4 节 5 号电池
5 号电池	数量 4，电源，提供电能
螺钉	滑轮与电机轴的固定

使用木工机床时要佩戴好防护眼镜，穿加工服，长发的读者要把头发扎起来。准备好之后可以开始制作了。

5.2.2 理解设计图纸

　　木工小车零件支架的配合方式有两种，一种是拼插，另一种是粘接。小车的主体框架是通过拼插组装在一起的，在容易松动的地方使用胶枪粘接；车轴与支架的部位完全依靠胶枪与胶棒的粘接。如图 5-2 所示为木工小车的底盘。图 5-3 中左上方两块板是木工小车正前方与正后方的挡板，对应汽车的保险杠。左下角木板是小车后备厢盖。右上角四块三角状的板子是用来固定车轴的。右下角是直径 30mm 的木棒，需要在上面车出四个轮子与滑轮。

图 5-2　木工小车的底盘

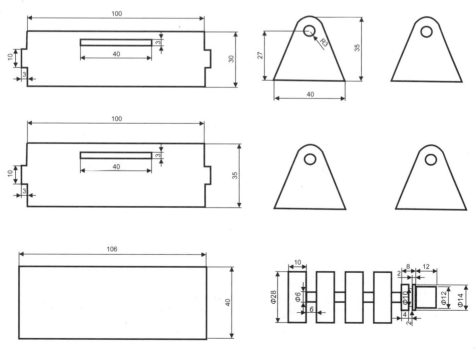

图 5-3　木工小车底部所需的部件

图 5-4 的上面标识了车身侧面的部分尺寸。下面两块木板是小车的顶板与引擎盖。

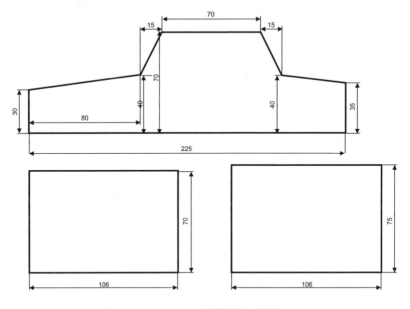

图 5-4　木工小车顶部所需的部件

图 5-5 标识了小车侧面挡板的其余参数，在木板上绘制时首先画出水平与垂直的线条，倾斜的线条通过连接已画好的线条得到。

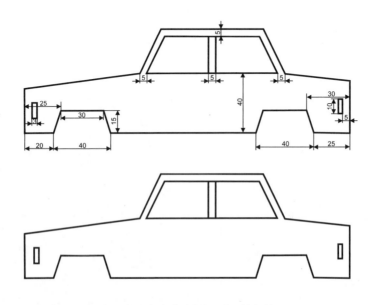

图 5-5　木工小车侧面所需的部件

图 5-6 的左上角为木工小车的底盘，右上角是电机与底盘之间的垫板。左下角是直径 10mm 木棒车出的后轮（从动）车轴，而右下角是直径 20mm 木棒车出的前轮（主动）车轴。

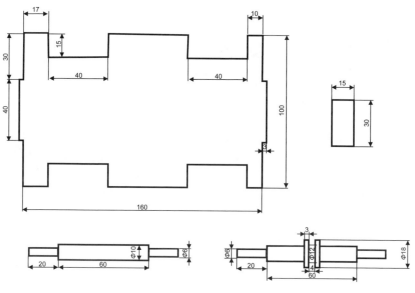

图 5-6　木工小车底盘与车轴

图 5-7 标识了三根木棒的长短与直径。右下角是两块较厚的木板，顶面连接小车底盘，侧面用于固定轮轴支架板。

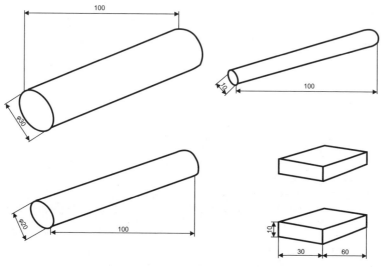

图 5-7　木工小车底盘与轮轴

5.2.3 切割外轮廓

理解了设计图纸之后，就到了动手制作的环节了。拿出准备好的三块木板，根据图纸把部件画在木板上，如图 5-8 所示，零件在木板上的布局可以参照图 5-9。

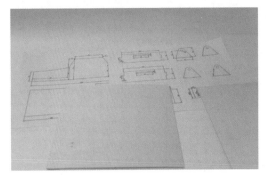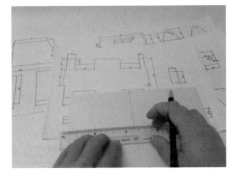

图 5-8　根据设计图纸进行绘制

绘制完轮廓后，使用锯床把零部件的外轮廓切割出来，如图 5-10 所示，加工期间要遵循木工机床的使用规范。

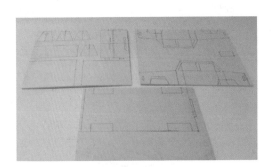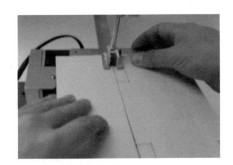

图 5-9　绘制好的零部件轮廓　　　　图 5-10　使用锯床切割木板

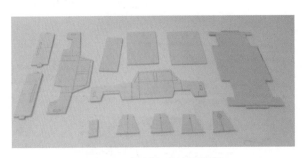

图 5-11　切割完成的零部件

使用锯床前确认好螺钉没有松动、锯条没有弯曲变形并保持夹紧。锯条切割直角时，要注意在拐点先后退一点，然后旋转木板 90°继续加工，如果不后退直接旋转，锯条可能会被木板卡死发生折断。切割完成的零部件如图 5-11 所示。

5.2.4 切割内轮廓

零部件内轮廓的主要作用是用于拼插和装饰。切割内轮廓的步骤有两步：首先使用手持机床在内轮廓上掏孔，如图 5-12 所示，然后使用锯床进行切割。

图 5-12 使用手持机床掏孔

手持机床的刀具可以自行更换，在这里将钻头固定在手持机床上进行打孔。打孔完成后，将孔通过锯条放置在锯床上，准备完成后打开锯床进行切割，如图 5-13 所示。

有的部件尺寸较小，切割时木板抖动得比较严重，需要使用锯床上的压杆与压块对木板进行限位，如图 5-14 所示。切割完成的内轮廓如图 5-15 所示。

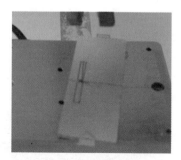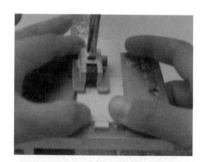

图 5-13 锯条穿过孔位　　　图 5-14 压块减轻木板的抖动

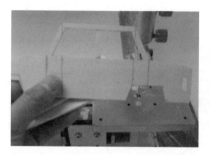

图 5-15 切割完成的内轮廓

5.2.5 木棒的加工

木棒的加工需要用到木工车床，先加工直径 10mm 的木棒，这根木棒制作的是从动轴。先把车床上的顶针换为三爪卡盘，如图 5-16 所示；接下来在木棒上标出不同直径的交界处，并用圆规在木棒的端面根据目标轴径画出参考圆；然后用三爪卡盘将木棒固定牢固，并将车床通电，三爪卡盘开始旋转，按照图纸加工出轮轴，轮轴的粗细取决于参考圆，使用卡尺测量保证精度。

图 5-16 更换三爪卡盘

加工时要保证车刀的稳定，加工过后要使用砂纸对木棒进行打磨，去掉木棒上的毛刺使表面变得整洁。加工完一侧后车床断电，松开三爪卡盘，将加工好的一端固定在三爪卡盘中，对另一端进行加工。如图 5-17 和图 5-18 所示。

图 5-17 装配直径 10mm 木棒进行加工与打磨

图 5-18 加工完成的从动轴

接下来对直径 20mm 的木棒进行加工，这根木棒制作的是主动轴。制作过程和注意事项与从动轴的制作基本一致。如图 5-19 和图 5-20 所示。

图 5-19　加工直径 20mm 的木棒

图 5-20　加工完成的主动轴

最后一根木棒的直径是 30mm，我们要用这根木棒加工出四个车轮与连接电机的滑轮，如图 5-21 所示。

图 5-21　加工直径 30mm 的木棒

加工完成后，使用锯床将连接处切断，得到车轮与滑轮，如图 5-22 所示。到这里，我们就完成了三根木棒的加工。

图 5-22　加工完成的车轮与滑轮

5.2.6　铣零件

　　将轮子平放在台钳上，转动加力杆将其紧固。注意：接下来这一步是不接通电源的，先降下直径 6mm 的铣刀使其对准车轮中心。对准之后再打开电源。降下铣刀时要注意，每次不能超过 0.5mm。如图 5-23 所示。

图 5-23　铣床对零件操作

　　需要铣刀加工的零件总共为 4 个车轮、1 个滑轮和 4 个轮轴支架。其中，滑轮顶丝的固定孔需要用手持机床打孔，钻头的直径可以根据所选取的螺钉直径与木板的材质来决定，通常孔径要比螺钉直径小 0.5 ～ 1.0mm。如图 5-24、图 5-25 所示。

图 5-24　铣好的车轮、滑轮与轮轴支架

图 5-25 手持机床在滑轮上打孔

5.2.7 磨床打磨零件

到这一步，木板与木棒的零件基本制作完成了，还需要对零件边缘进行打磨。打磨的目的主要是两个：首先是消除尖锐的边缘防止划伤，其次是为了美观。如图 5-26 所示。

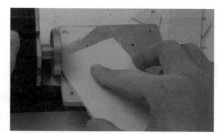

图 5-26 轮轴支架与引擎盖的打磨

4 个轮轴支架的外缘为了美观打磨成圆弧状；引擎盖与后备厢盖的四角比较尖锐，所以也打磨成圆弧；小车侧板出于外形设计的考虑，将两侧打磨成倾斜状，如图 5-27 所示。制作完成的零部件如图 5-28 所示。

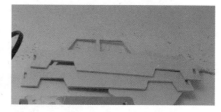

图 5-27 木工小车侧板的打磨

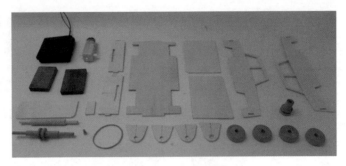

图 5-28　制作完成的零部件

5.2.8　底盘组装

打开热熔胶枪，待加热完成后首先固定轮轴与轮子。将热熔胶涂抹在木块侧面，把轮轴支架固定在木块上；接下来把轴穿过轮轴支架，再在木块另一侧涂抹热熔胶，并固定轮轴支架，如图 5-29 所示。注意：如果安装的是主动轴，在固定第二块轮轴支架前，要把皮筋先套在轮轴上。

图 5-29　固定轮轴支架

轮轴固定完成后，在轮子中心涂抹热熔胶，并在胶凝固前插入轮轴完成固定，如图 5-30 和图 5-31 所示。

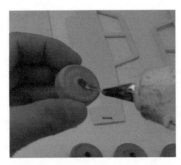

图 5-30　固定车轮

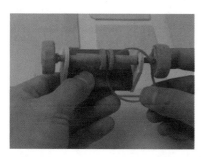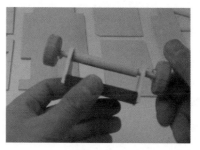

图 5-31　固定完成的主动轴与从动轴

　　然后，把粘接在一起的轮轴和轮子固定在木工小车的底盘上。如图 5-32 和图 5-33 所示。

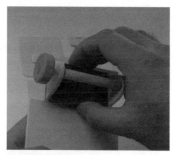

图 5-32　把前后轮固定在底盘上

图 5-33　木工小车底盘制作完成

　　安装木工小车的电动部分，也就是安装电池盒与电机。电池盒装入四节 5 号电池并调至 OFF 挡，使用胶枪固定在小车底盘的顶面，如图 5-34 所示。安装时注意把电池盒的开关放置在便于拨动的位置。

　　在滑轮的顶丝安装孔装入直径合适的顶丝或螺钉，用内六角旋具将螺钉拧紧，把电机轴与滑轮固定牢固，如图 5-35 所示。然后，在电机的一侧粘接长方形木板，如图 5-36 所示，完成后不要着急把电机固定在底盘上，需要先把电池盒的两根电源

图 5-34　固定电池盒

线连接在电机上。因为木工小车没有控制系统，电机接电后只能朝一个方向运转，所以需要接线测试以确认转向。接线后，把电机放在固定位置，小车主动轮正转，那么就可以把电源线与电机的接线端子缠绕在一起，然后使用胶枪、胶棒或者烙铁、焊锡进行固定了；如果主动轮的转动方向为反转，那么需要把电机两个接线端子上的红黑线交换位置，重新进行缠绕与固定即可。接线完成后，把电机粘接木板的一侧与底盘固定。组装完成的木工小车底盘如图 5-37 所示。

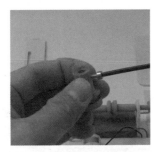

图 5-35　把滑轮固定在电机轴上

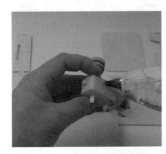

图 5-36　粘接长方形木板

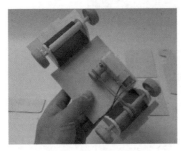

图 5-37　组装完成的木工小车底盘

木工小车的传动是通过滑轮与皮筋完成的，这种传动方式与带传动类似。小车的运动依靠电池和减速电机完成，电池盒与减速电机都可以买到。木工小车电路接线如图 5-38 所示，电路的通断是通过电池盒上的开关控制的，如果电池盒没有开关，可以使用开关零件来制作。

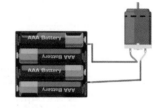

图 5-38　木工小车的电路接线

5.2.9　车体组装

木工小车的底盘部分已经组装完成，最后一步就是车体的组装了。车体安装的顺序是：保险杠→左右侧车门→引擎盖与后备厢盖→顶棚。如图 5-39～图 5-42 所示。

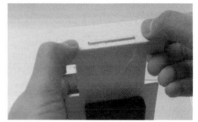

图 5-39　涂抹热熔胶固定前后保险杠

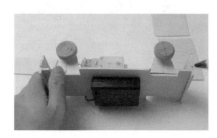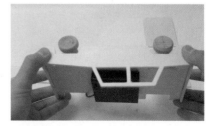

图 5-40　固定左右侧车门

图 5-41　固定引擎盖与后备厢盖

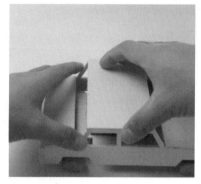

图 5-42　固定顶棚

5.2.10　总结

　　木工小车的制作用到了种类丰富的木工机床，制作好的木工小车如图 5-43 所示。机床是功能强大并且十分常用的工具。掌握了机床这个强大的工具，对我们平时 DIY 或是到工厂制作特殊零件，都能带来很大的帮助。图 5-44 是一些其他的木工作品。

图 5-43　木工小车　　　　　　　　　　图 5-44　一些木工作品

　　木工小车是没有使用控制器的机器人系统，不能根据环境信息作出决策，智能程度较低。在后面的制作中，我们将一起制作更为复杂的机器人。

5.3　EV3-金属机械臂

　　我们要制作的第二个机器人是乐高 EV3 与金属零件相结合的机械臂，控制器为EV3，舵机驱动板与金属零件由 5AMaker 提供。如图 5-45 所示，机械臂共有 5 个自由度，其中云台 1 个、手臂 2 个、手腕 1 个、手爪 1 个，这些活动的关节决定了机械臂可以完成抓取、抬升等动作。

图 5-45　EV3-金属机械臂

5.3.1　准备工作

制作 EV3-金属机械臂最关键的是乐高 EV3 零件与 5AMaker 金属零件的拼装。机械臂的 EV3 控制器通过连接件与金属底座相连；机械臂中的舵机臂与舵机支架等零件使用的是金属零件；手爪部分使用 EV3 零件搭建，根据需要也可以选择金属套件中的手爪。工具与材料清单如表 5-3 和表 5-4 所示。

表 5-3　EV3-金属机械臂——工具清单

工具	功能和用途
内六角旋具	紧固螺钉
烙铁、焊锡	焊接接线延长板
胶枪	将延长板与金属零件进行粘接
剥线钳或剪刀	剪切并制作铜导线
钳子	将接口的塑料固定头去掉

表 5-4　EV3-金属机械臂——材料清单

材料	数量和用途
EV3 套件	提供控制器，制作手爪
5AMaker 套件	机械臂的主体框架
舵机驱动板	数量 1，EV3 控制器需要通过舵机驱动板实现对舵机的控制
舵机	数量 4，全部使用 180° 舵机

续表

材料	数量和用途
舵机延长线	增加接线长度
乐高接口	用于制作延长板
洞洞板	用于制作延长板
铜导线	用于延长板上的接线

5.3.2 了解机械臂

机械臂的运动十分灵活,并且精度与重复精度很高,在工业生产中的应用场景很多,例如工业流水线、焊接加工等,如图 5-46 所示为工业焊接机械臂。机械臂关节的设定与人类的手臂类似,在 EV3-金属机械臂中,云台负责机械臂的旋转,其余 3 个关节分别起肩关节、肘关节与腕关节的作用,EV3 中型电机用来控制手爪的开合。在一台机械臂装置中,具有多少个可以活动的关节,那么它就具有多少个自由度。我们要制作的机械臂有 5 个自由度。

图 5-46 工业焊接机械臂

5.3.3 搭建云台

云台就是旋转底座。云台由底座和一个舵机组成,先使用 5 孔片零件与长度 32mm 的连接柱搭建底座,如图 5-47 所示。

图 5-47 云台底座

底座是一个正八边形,螺钉的安装要参照图 5-47 所示,为后面乐高与金属的连接留出空隙。接下来找出 9 孔 U 形梁与 8 孔方梁各一根,使用塑料头的手拧螺栓按照图 5-48 中的方式连接。

图 5-48　云台支撑梁

　　固定云台舵机。第一步，将舵机联轴器与直径 6mm 的短轴相连，在方梁孔位两端放置轴套，再将短轴从孔中穿过；第二步，将舵机与舵机支架通过螺钉拧紧，对齐位置，如图 5-49 左侧示意；第三步，使用手拧螺栓固定舵机支架，安装完成如图 5-49 右侧所示。

　　舵机与舵机联轴器连接时，需要注意舵机当前所在的角度，因为这会影响后面机械臂的旋转范围。180°舵机有硬件限位，我们通过旋转舵机联轴器找到舵机的中位，或者通过程序使舵机转动到中位。最终放置时，要保证舵机联轴器的顶丝正对安装者时舵机处于中位，如图 5-49 右侧所示，这样可以保证机械臂的旋转范围与预期一致。

图 5-49　安装舵机支架

　　用两颗螺钉将云台支撑梁固定在底座上。图 5-50 正中间的那颗螺钉，通过 U 形梁与片零件进行固定。在底座另一侧的螺钉也用同样的方式安装。到这里就完成了云台的搭建，如图 5-51 所示。

图 5-50　固定舵机支架　　　　图 5-51　安装完成的云台底座

5.3.4　固定 EV3 控制器

　　EV3 控制器要固定在金属零件上，需要用到图 5-52 中的转接零件。先使用螺钉将连接件固定在 U 形梁一侧的片零件上，再将乐高 15 孔梁从中穿过，并使用长蓝色销零件固定。

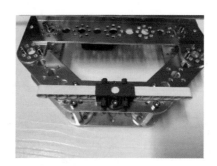

图 5-52　安装转接零件

　　接下来拿出 EV3 控制器，按照图 5-53 所示，在两侧安装方框零件，在下侧安装L 形零件用于支撑，最后在背面安装 11 孔梁并固定。

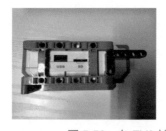

图 5-53　在 EV3 控制器侧面固定零件

下一步按照图 5-54 找出所需零件，组装出两个对称的连接件，完成后如右侧所示。然后将连接件插入控制器侧面的方框零件中，如图 5-55 所示。

图 5-54　组装连接件　　　　　　　　　图 5-55　组装完成

最后一步，把组装完成的控制器固定在 15 孔梁上，如图 5-56 所示。控制器因为 L 形零件的支撑会稍有些偏高，这是没有关系的。EV3 控制器被垫高后，底部的传感器接口才有空隙接线。

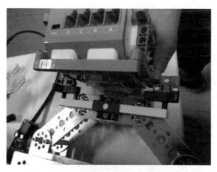

图 5-56　把控制器固定在底座上

5.3.5　组装机械臂

按照肩关节→肘关节→腕关节的顺序组装机械臂。

第一步，组装肩关节。肩关节要与云台相连，使用图 5-57 中的黑色连接件，轴从中穿过后将顶丝（螺钉）拧紧即可。搭建时，先找出 5 孔片、连接件与舵机座，使用两颗长螺钉按照图 5-57 右侧将螺钉穿过舵机座、5 孔片然后与连接件固定。

图 5-57　黑色接连件固定

　　螺钉固定后，再装入舵机。舵机的舵盘上先穿过两颗短螺钉，如图 5-58 左侧所示。接下来用专用的螺钉把舵盘固定在舵机的齿轮上。拧紧后把舵机装在舵机座上，然后把两个 U 形舵机臂按照图 5-59 中的位置用螺钉连接在一起，再将其与肩关节的舵盘连接即可。

图 5-58　舵盘的固定

图 5-59　U 形舵机臂组装

　　第二步，组装肘关节。先按图 5-60 中位置连接舵机座与 5 孔片，然后将舵机固定在舵机座中。再安装一舵机座用于放置腕关节的舵机，如图 5-61 所示。

图 5-60　U 形舵机臂的固定

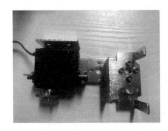

图 5-61　肘关节与腕关节舵机的组装

　　组装完两个舵机后，把肘关节舵机的舵盘与肩关节上 U 形舵机臂进行固定，机械臂的主体部分就搭建完成了。

5.3.6　手爪组装

　　手爪是机械臂搭建的最后一个部分，使用 EV3 零件来搭建。

　　第一步，按照图 5-62 找到零件，使用长度为 5 个乐高单位的轴，将这些零件连接在一起，并搭建成右图所示的造型。

图 5-62　手爪与舵盘的连接部分

　　第二步，按图 5-63 找齐零件，将两根长度为 3 个乐高单位的短轴固定在片零件上，并使用轴套固定。接下来把片零件固定在图 5-62 搭建的两个黑销处。之后，按照图 5-63 最右侧所示，安装长轴、齿轮与冠齿轮。

图 5-63　齿轮固定部分

第三步，安装中型电机的传动部分，该步骤中使用黑色小齿轮，将与上一步中的冠齿轮啮合。如图 5-64 所示。

图 5-64　中型电机传动部分

第四步，安装中型电机的固定架，按照图 5-65 进行装配。安装完成后，将中型电机与之前搭建的冠齿轮部分进行啮合，得到图 5-66 造型。按图 5-66 右侧所示，将电机旋转 90°，使用长度为 5 个乐高单位的轴，由上至下将 9 孔条固定死。

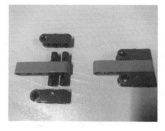

图 5-65　固定中型电机

图 5-66　齿轮啮合

第五步，让冠齿轮朝上，在两个短轴上加上黄色轴套，再放置 T 形连接片，这样冠齿轮轴就被限制不会发生偏移了，如图 5-67 所示。

图 5-67　冠齿轮限位

最后一步，安装爪子。按照图 5-68 中间示意，将两根长度为 5 个乐高单位的轴通过 5 孔条并使用灰色轴套限位。安装完成后，将齿轮放置在中间的轴上，接下来放置两个黑销。示意图是图 5-69。

图 5-68　安装爪子的转轴

图 5-69　安装齿轮

　　下面要做的就是安装爪子了，将白色梁零件安装在两侧的轴上，接着在旁边的孔位安装黑销，最后使用 3 孔梁连接齿轮与爪子上的黑销，爪子的安装就完成了，如图5-70 所示。中型电机的另一面也按照相同的方式安装爪子，安装完成就可以得到图5-71 中的造型。

图 5-70　安装爪子

图 5-71　安装完成的机械爪

5.3.7　手爪的固定与优化

　　手爪的搭建已经完成，需要把它固定在腕关节的舵盘上。先将舵盘与连接件按图5-72 左侧连接，结合件放置在舵机齿轮后，用螺钉把舵盘固定在舵机齿上。

图 5-72　舵盘与连接件结合

如图 5-73 所示，连接件固定在舵盘上后，就可以固定手爪了。将 9 孔梁从连接件中穿过，使用长蓝销进行固定。这里我们会发现，中型电机与 9 孔梁中间本来不应该有空隙，但是连接件有一定的厚度，会影响部件之间的配合。在机器人的制作过程中，我们会遇到各种各样的问题，我们要做的是克服困难、排除故障，解决问题的过程使我们的经验增加、能力提升。

中型电机与 9 孔梁之间没有留出空隙，导致连接件在中间会影响手爪的装配，解决的方案就是在条零件与电机之间增加 1 个乐高单位。把 9 孔梁所在的部件取下，使用方框零件垫高进行测试，如图 5-74 所示。

图 5-73　舵盘与连接件的固定　　　　　　　图 5-74　增加方框零件

虽然结构被垫高了，连接件有了安装空隙，但是转动手爪时发现手爪无法转动，这是因为方框零件的孔位卡住了齿轮零件。这个问题说明，使用零件垫高时要把齿轮临近的孔位空出。

下面我们只使用梁零件来垫高。用两根 3 孔梁将方框零件替换，把手爪安装上后，齿轮没有受到阻碍。3 孔梁是可以活动的，制作一个小部件对其进行限位，如

图 5-75 所示。问题已经解决，可以继续后面的制作了。优化后的连接处如图 5-76 所示。如果你觉得这种方式不够完善，也可以尝试制作更好的方案。

图 5-75　使用 3 孔梁测试

图 5-76　优化后的连接处

5.3.8　控制电路与接线

　　机械臂的 5 个关节是由 EV3 控制器来控制的，其中中型电机连接 EV3 控制器的电机接口；4 个舵机的控制与驱动通过 5AMaker 的舵机驱动板来实现，需要 EV3 控制器的传感器接口与舵机驱动板连接。系统的连接如图 5-77 所示，虽然图中的线路有很多，但并不复杂。左侧是 EV3 控制器与机械臂，左侧的橘黄线全部都是舵机线。再来看右侧，右下角是电池，为舵机的运转提供电能，与电池相连的线是电源线与开关。中间的黑色板子就是舵机驱动板，连接到舵机驱动板上的线共有三种：第一种是电源线，连接到板子的电源接口；第二种是舵机线，也就是板子右侧的四根橘黄色线；第三种是数据传输线，用于接收 EV3 控制器发送的控制指令。EV3 控制器给驱动板发送指令，控制各个舵机旋转的角度。舵机连接时，云台舵机连接驱动板的 1 号口，肩关节连接 2 号口，肘关节连接 3 号口，腕关节连接 4 号口。

图 5-77　EV3-金属机械臂的接线

腕关节与肘关节的舵机距离底座较远，舵机线的长度不够，所以使用舵机延长线增加控制距离。电源线的接口按照功能分别与电池与驱动板相连，如图 5-78 所示。

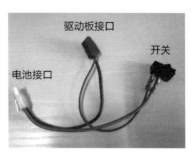

图 5-78　舵机延长线与电源线

同样，对于乐高中型电机来说，数据线的长度也不能满足需要，需要自行制作乐高数据线的延长板。

延长板制作的第一步是找出零件，把接线端子的塑料固定端子用钳子去掉，并用钳子将毛刺磨平。如图 5-79 所示。

图 5-79　去掉接口上的塑料固定端子

第二步，用烙铁与焊锡焊接。使用直径较细的焊锡，在接口的 6 根引脚上搪一层锡，这种操作会便于后续的焊接，也可以使用松香等助焊剂进行辅助。在洞洞板边缘的焊盘上焊接，如图 5-80 右侧所示。

图 5-80　预处理

图 5-81　焊接 6 根接口引脚

第三步，把接口的引脚与焊盘对齐，用烙铁压住接口的引脚，使其与焊盘上的焊锡结合，操作如图 5-81 所示。将接口正反两面共 6 个引脚分别与 6 个焊盘进行焊接，就制作完成了一个接线端，另一侧的接线端也使用同样的方法进行焊接。

第四步，拿出剥线钳与铜线，按图 5-82 中的方式比对出长短合适的铜线，裁剪出 6 根，然后使用剥线钳将铜导线剥除一段，使铜线露出，并在铜线上搪锡。铜导线的裁剪与剥除也可以使用剪刀来操作。

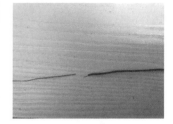

图 5-82　铜导线的加工

延长板制作的最后一步，是使用 6 根导线将 2 个接线端子的引脚连接起来。因为 2 个端子是旋转对称的，所以线序要相应地改变，连接方式参照图 5-83。

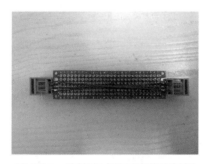

图 5-83　连接完成的乐高线延长板

下面我们将延长板固定在机械臂上。首先加热胶枪，加热完成后在腕关节舵机座上涂抹热熔胶，然后固定延长板，固定位置如图 5-84 中所示。最后插上乐高数据线，EV3-金属机械臂的硬件制作就全部完成了，如图 5-85 所示。

图 5-84　固定完成的乐高线延长板

图 5-85　制作完成的 EV3-金属机械臂

5.3.9　程序的编写

在我们制作的机械臂系统中，并没有使用传感器，所以编程只涉及两个方面：4个舵机的控制和中型电机的控制。

打开 EV 编程软件，首先我们要在 5AMaker 的网站上下载 EV3 的驱动板程序模块，文件名称为"Servo-Controller-for-5AMaker.ev3b"，可以看到另外一个文件"Motor-Controller-for-5AMaker.ev3b"，是电机驱动板的程序模块。添加舵机控制板的程序模块。进入主界面以后选择左上方的加号"添加项目"，选择"工具"栏中的"模块导入向导"，如图 5-86 所示，接下来会弹出右侧所示的窗口。

图 5-86　打开模块导入与导出向导

点击右上角的"浏览"，选择舵机驱动板库文件所在的路径并打开，这步操作参见图 5-87。

图 5-87　找到程序模块的所在路径

　　下面我们在"模块导入与导出向导"中选中"Servo-Controller-for-5AMaker.
ev3b"，然后点击右下角的"导入"选项，系统会提示重新启动软件才可以使用导
入的模块，点击"确定"即可，这时就完成了程序模块的导入。如果选择第二个页
选项"管理"，可以发现程序模块已经出现在"已安装模块列表中"了。如图 5-88
所示。

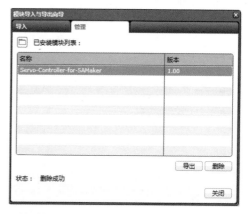

图 5-88　导入舵机驱动板的程序模块

　　重新启动 EV3 编程软件，在"动作"栏的最后一项就是舵机驱动板编程模块了
（图 5-89）。把模块添加到程序中，可以看到模块共有三个选项"读取舵机所在角
度""转动"和"设置舵机速度"。"读取舵机所在角度"功能就是读取指定舵机当
前所在的角度；"转动"是最基本的功能，控制舵机旋转到一定的角度；"设置舵机
速度"的功能通常用在程序最开始的地方。

图 5-89 舵机驱动板程序模块

图 5-90 所示的是舵机驱动板的典型控制程序。首先设置舵机的转速为 50，然后在循环中设置舵机旋转到 90° 中位。

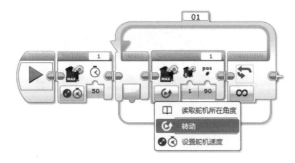

图 5-90 舵机驱动板控制程序

因为搭建的机械臂系统没有使用传感器，所以机械臂不能对环境的变化做出反应，我们编写的程序也只控制机械臂执行特定的动作。

将程序设计为机械臂在一处执行抓取动作，然后移动到另一个位置并将爪子松开。根据这个思路得到图 5-91 中的程序。

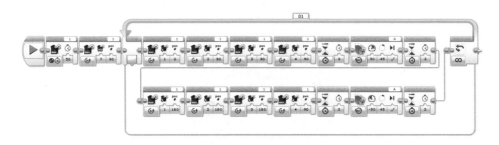

图 5-91 机械臂控制程序

在程序中，循环体外两个模块的功能分别是：设置舵机转速，命令所有的舵机转动到 90° 中位。接着在循环体中控制机械臂与手爪的动作，循环执行。到这里，机械臂控制程序就完成了。可以根据需要添加触碰开关、按键、摇杆等对机械臂加以控制，让机械臂能够完成更加复杂的动作。

5.3.10 总结

机械臂具有灵活与精度高的特点，在工业中的应用十分广泛。在大学生机器人竞赛"京东 X 机器人挑战赛"的分拣与仓储项目中，很多队伍也都用到了机械臂。如图 5-92 所示为大赛中的某物流机器人。

图 5-92　物流机器人

在本次制作中，我们控制机械臂末端手爪的位置时，是通过控制、测试云台与 3 个关节舵机旋转角度得到的，这种方式是机械臂的正运动学控制。相对的就是逆运动学，在真正的生产与应用中，通常是输入末端手爪在空间中的位置，通过逆运动学计算出各个关节舵机的角度值。

5.4　三轮全向移动底盘

本书中已经介绍了许多关于三轮全向移动底盘（图 5-93）的知识，在这里我们通过完整的制作过程把全向底盘的软硬件知识串联起来。

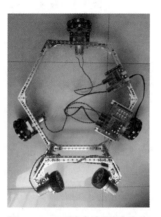

图 5-93　三轮全向移动底盘

5.4.1 准备工作

选用 5AMaker 金属机器人套装，找到全向轮和方梁等零件。机械臂的 EV3 控制器通过连接件与金属底座相连；机械臂中的舵机臂与舵机支架等零件使用的是金属零件；手爪部分使用 EV3 零件搭建，根据需要也可以选择金属套件中的手爪。下面列出了工具与材料如表 5-5 和表 5-6 所示。

表 5-5　三轮全向移动底盘——工具清单

工具	功能和用途
内六角旋具	紧固螺钉
套筒	紧固螺母

表 5-6　三轮全向移动底盘——材料清单

材料	数量和用途
全向轮	数量 3，全向底盘制作中最关键的零件
直流电机	数量 3，为底盘提供动力
控制器	数量 1，底盘系统的主控制器
电机驱动板	数量 1，控制器最多只能接两路电机，所以需要使用电机驱动板进行扩展
5AMaker 套件	提供方梁、电机支架等零件

5.4.2 三轮全向移动底盘概述

三轮全向移动底盘的转向和移动都很灵活，所以在家庭服务机器人和工业机器人等场景都有广泛的应用。

三轮全向移动底盘最重要的零部件就是全向轮（图 5-94）了。全向轮由轮毂和从动轮两部分组成。全向轮不仅可以沿着轮毂的方向滚动，还可以通过从动轮的滚动被拖拽着移动，正是这个性能决定了全向轮可以朝任意方向移动。

全向轮在底盘上的排布是等间距的，这也就意味着任意两个轮子轮轴的夹角都是120°，如图 5-95 所示。搭建时，需要选择合适的角度连接件来制作底盘的边框，可以选择 60°的连接件制作正三角形的边框，也可以使用 120°的连接件搭建图 5-95中的结构或者是正六边形的底盘。

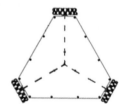

图 5-94　全向轮　　　　　图 5-95　全向轮在底盘上的排布

三轮全向移动底盘的程序控制是一个逆运动学解算的过程，因为系统中不加入惯性元件，所以系统中不考虑自转角度的控制。具体步骤如下。

1 确定底盘的坐标系、机器与轮子旋转的正方向。

2 给出机器人期望的运动速度与方向。

3 根据期望速度与方向，得到底盘在坐标轴 X 轴与 Y 轴上的速度分量。

4 根据所得的速度分量与计算公式，得到每个轮子应有的转速。

5 把得到的转速值输出到三个电机。

也就是说，程序主要的功能是根据两个输入量"底盘期望的运动速度""底盘期望的运动方向"得到系统的输出量"三个电机各自的转速"。如果机器需要进行旋转运动，那么三个电机以相同的速度与方向运动即可。

5.4.3　三轮全向移动底盘搭建

三轮全向移动底盘的搭建比较容易，底盘的大小也便于控制，所以这里只对搭建流程进行介绍（图 5-96）。

1 选取合适长度的方梁 6 根，并找出 12 个 120° 连接片。

2 使用螺钉与 120° 连接片将方梁零件固定。

3 每间隔一根方梁放置固定一个电机支架。

4 将电机固定在电机支架上，然后安装全向轮。

5 固定一个 5AMaker 的控制器与一个电机扩展驱动板。

6 使用线材进行连接。

图 5-96　小型的三轮全向移动底盘